패션 디자이너를 위한
색깔의 힘

초판 1쇄 인쇄 | 2024년 10월 10일
초판 1쇄 발행 | 2024년 10월 15일

지은이 | 로셀라 밀리아치오
옮긴이 | 음경훈
펴낸이 | 조승식
펴낸곳 | 도서출판 북스힐
등록 | 1998년 7월 28일 제22-457호
주소 | 서울시 강북구 한천로 153길 17
전화 | 02-994-0071
팩스 | 02-994-0073
인스타그램 | @bookshill_official
블로그 | blog.naver.com/booksgogo
이메일 | bookshill@bookshill.com

정가 20,000원
ISBN 979-11-5971-556-3

패션 디자이너를 위한

색깔의 힘

Power of Colour: Armocromia by Rossella Migliaccio
Copyrights © 2019 Antonio Vallardi Editore, Milano
Gruppo Editoriale Mauri Spagnol S.p.A.
Korean language edition arranged through Icarias Agency, Seoul

Korean translation Copyright © 2024 Book's Hill Publishing

패션 디자이너를 위한

색깔의 힘

로셀라 밀리아치오 지음

음경훈 옮김

 북스힐

1부
색채 분석의 과학과 그 역사

2부
우리의 팔레트를 발견하다

3부
색채 조화의 모든 계절

4부
1년 365일 팔레트로 살기

서론

색상이 가진 비밀 언어

아름다움에 대해 이야기할 때 색상을 고려하지 않는 것은 거의 불가능하다. 고대로부터 색채의 조화는 예술 및 건축에서 필수적인 구성요소이며, 미적 기준에서 중요한 참조점이다. 적절한 색상을 터치하는 것만으로도 즉시 시선을 끌고, 미소를 띠게 하며, 우리를 빛나게 해준다. 색채의 비밀 언어를 알고 이를 우리를 위해 도움이 되는 친구로 보는 것은 우울할 때 우리를 지탱해 주거나 특별한 날 더욱 빛나게 해준다. 이를 통해 우리는 더욱 자신감 있고 아름답게 변화하며, 결과적으로 더 행복해질 수 있다.

나는 항상 색상이 내 운명에 기록되어 있다고 말해 왔다. 로셀라(Rosella)라는 이름은 빨간색을 뜻하는 로소(rosso)에서 유래했고 영어 이름 스칼렛(Scarlett)에 해당하며, 형용사 스칼렛(scarlet)은 '스칼렛 레드', 즉 진홍색을 의미한다. 나의 어머니는 영화 〈바람과 함께 사라지다〉를 보고 이 이름을 선택했는데, 나에게 이 색상에 대한 사랑과 영화 주인공의 독특한 특징인 낙관주의를 전해 주셨다.

빨간색 외에도 나는 어려서부터 색의 세계에 매료되었다. 크레용,

템페라(tempera), 수채화 물감들을 수집해 그것들을 조합하고 물과 섞어 실험하곤 했다. 청소년기에는 연극에 관심을 가지기 시작했고 동시에 영화, 특히 할리우드 올드 무비를 향한 진정한 열정이 생겼다. 오드리 햅번에서 그레이스 켈리, 리타 헤이워스, 그레타 가르보까지 과거의 여배우들은 언제나 나를 매료시켰다. 그들의 옷, 특별한 디자인, 화려하게 꾸며진 코스튬들은 아름다움과 성격을 더욱 강조하기 위해 정교하게 조정되어 있어 나를 놀라게 하고 매혹시켰다. 수백만 명의 관중에게 말할 수 있는 전문가들의 능력에 매료된 나는 먼저 색채 언어를 연구 소재(전공)로 하고, 이후 직업으로 선택하게 되었다. 현장에서 10년 이상을 보낸 현재도 내 임무는 여전히 동일하다. 색채의 힘을 전달하고, 그것을 일상생활에서 수많은 어려움에 직면한 사람들이 이용할 수 있게 만들어 주며, 자신을 돌보고 다른 사람과 더 잘 지내기를 원하는 모든 이들에게 그 기회를 제공하는 것이다.

그런데 색상의 마법은 어떻게 작동할까? 여러분은 자신도 모르는 사이에 이미 그 마법에 걸려 있을 것이다. 사무실에 도착해서 사람들에게서 "오늘 좋아 보이네요, 무슨 일 있어요? 뭔가 바뀌었나요?"라는 말을 들어본 적이 있을 것이다. 아마도 여러분을 빛나게 해주는 '뭔가'는 여러분이 입고 있는 의상의 색상일 가능성이 크며, 칭찬은 여러분이 목표를 달성했음을 의미한다. 그 반대의 경우도 마찬가지다. "괜찮아요? 조금 우울해 보이네요"라는 말도 많이 들어보았을 것이다. 실제로는 여러분이 평온한 기분이었는데도 말이다. 아마도 그 날의 유일한 불협화음은 의상의 색상이었을 것이다.

여기서 우연처럼 보일 수 있는 것들—의상, 메이크업 톤, 헤어 컬러에 적합한 색상 선택—이 실제로는 과학이다. 이것을 색채 분석(Armocromia, 영어로는 Color Analysis 또는 Color Harmony)이라고 하며, 이것이 바로 내 직업의 기초다. 우리 각자의 세 가지 핵심 요소인 피부, 눈, 머리카락을 분석함으로써 우리에게 어울리는 색상을 찾아낼 수 있다. 이 색상들은 우리를 더 아름답게, 더 건강하게, 더 젊게 보이게 해주는 힘을 갖고 있다. 이로 인해 다음과 같은 두 가지 중요한 결과가 나타날 수 있다.

첫째로, 옷장을 최대한 활용한다는 것이다. 이제 더 이상 '옷장은 가득 차 있지만 입을 게 없다'는 골치 아픈 느낌을 경험하지 않을 것이다. 친근한 색상을 선택한 후에는 모든 것이 서로 어울리며 심지어 눈을 감고도 옷을 고를 수 있을 것이다. 몇 가지만 있으면 무한한 조합을 만들어 낼 수 있다. 색채 조화는 우리에게 시간, 공간, 돈을 절약해 줄 것이다. 목표를 가지고 쇼핑을 하게 되고, 좋아하는 것만 구입하지 않고 자신에게 잘 어울리고 자신을 빛내주는 것을 구매할 것이기 때문이다. 생각해 보면 이것은 더 윤리적이고 지속가능한 태도이다.

둘째로, 색채 조화는 이미지에 대한 개인화되고 의식적인 접근을 촉진하며, 덕분에 우리 중 누구라도 주인공이 될 수 있다. 단순히 이미지의 문제만이 아니라, 색상을 다시 발견함으로써 우리가 언제, 왜 색상 사용을 중단했는지 자문하고, 우리의 역사를 검토하고, 때로는 새로 시작하도록 이끌어 준다.

나는 이 책에서 여러분이 색채 조화의 미학적·실용적·윤리적·심리적 측면, 그리고 역사적·문화적 측면을 포함하여 모든 측면을 발견하도록 안내할 것이다. 수많은 고객 및 학생들과의 경험과 전 세계 농료 이미지 컨설턴트들과의 지속적인 공유를 통해 얻은 나의 방법을 공개하고 다양한 예시를 보여줄 것이다. 그리고 나의 열정을 여러분에게 전할 것이다. 그 열정은 바로 색상에 헌신한 삶의 열정이다.

1부

/

색채 분석의
과학과 역사

안나 이야기

안나는 몇 년 전에 나를 찾아왔던 젊은 여성이다. 안나는 첫 아이를 낳은 후 다니던 이벤트 회사를 그만두고 가족에게 전적으로 헌신하기로 결정했다. 곧이어 두 번째 아이를 임신했고 그녀의 일상은 점점 더 바쁘고 힘들어졌다. 특히 남편의 잦은 출장 때문에 더욱 그랬다.

안나를 처음 만났을 때, 나는 그녀가 가지고 있는 아름다운 색상에 감탄하지 않을 수 없었다. 푸른색으로 빛나는 눈, 숱이 많고 짙은 눈썹, 도자기 같은 아이보리색 피부. 이 모든 아름다움은 돋보이지 않는 머리색과 검정과 진한 갈색으로 이루어진 의상과 대조적이었다.

늘 그렇듯이 내 첫 번째 질문은 "당신의 옷장을 열면 무엇이 있습니까?"였다. 이제 막 엄마가 된 새내기 엄마들은 쉽게 답을 상상할 수 있을 것이다. 편안한 복장, 굽 낮은 신발, 그리고 주로 (얼룩을 보이지 않게 하는) 검은색이 많다.

안나는 절실하게 색상을 필요로 했다! 그리고 옷차림뿐만 아니라, 최근 5년 동안 그녀의 라이프 스타일이 극적으로 변했다. 삶이 뿌리째 달라졌기 때문이었다. 몇 안 되는 친구들, 얼마 안 되는 자유 시간, 적은 취미 활동, 그리고 무엇보다 그녀는 직장에서 물러난 상태였다. 물론 안나는 아이들을 사랑하지만, 온전히 그들에게 헌신하며 자신을 위한 시간과 공간이 없어지면서 소외되고 있었다.

이미지 컨설팅을 받는 것은 안나가 바라던 생일 선물이었지만, '한 번은 나 자신을 위해 뭔가를 하고 싶다'는 이면에는 표현하지 못한 에너지가 많은 게 분명했다.

내가 제안한 첫 번째 단계는 색채 조화 세션을 포함하는 것이었다. 그녀가 뭔가 재미있는 것으로 시작해서 즉시 눈에 띄는 변화를 경험할 수 있도록 하고 싶었다. 내 예상대로 결과는 가장 강하고 생동감 있는 색상 팔레트 중 하나인 윈터 브라이트(winter bright)였다.

우리는 미용(뷰티) 이미지 코스를 시작했다. 메이크업 수업은 자연스럽고 간단한 메이크업과 과한 메이크업 사이에 쉽게 접근할 수 있는 중간 길이 있다는 것을 이해하는 데 도움이 되었다. 그녀는 예전의 미용 도구들을 깨끗이 비웠는데, 베이지색과 갈색으로 가득 채워진 상품들은 이미 유통기한이 지난 상태였다. 컨실러, 마스카라, 아름다운 라즈베리 빛 립스틱 한 개만으로 그녀의 색상을 더욱 빛나게 만들 수 있었다.

또한 눈썹을 정돈하여 눈과의 자연스러운 대비를 강조했다. 무엇보다도 머리카락 색을 약간 차가우면서도 어둡게 했다. 며칠 만에 안나는 신데렐라에서 아름다운 백설공주로 변신했다. 아직 옷장에는 손도 대지 않았는데도 말이다!

몇 주 후 팔레트를 손에 들고 옷장 정리를 시작하였다. 먼저 액세서리부터 시작하여 실용적이면서도 즐거운 것들을 찾아보았다. 컬러풀한 귀걸이가 도움이 될 수 있었지만, 그녀의 아이가 아직 귀걸이를 잡아당길 수 있는 어린아이여서 머리띠를 선택했다. 안나의 얼굴은 매우 아름다워서 시간이 부족할 때 머리띠는 쉽게 이용할 수 있는 매우 전략적인 액세서리다.

나머지 옷들도 버릴 필요가 없었는데, 검은색은 안나의 팔레트에 포함되어 있기 때문이다. 그러나 나는 안나를 빛나게 하고 생동감을 불어넣기 위해 색상 사용에 그녀가 다시 익숙해지게 하고 싶었다. 그 생동감은 점점 커져갔다. 그녀 스스로 나에게 "어떻게 옷에 색상을 줄 수 있을까요? 난 항상 모티시아(Morticia Addams)처럼 옷을 입는 데 지쳤어요"라고 물어올 정도였다. 변화가 생기고 있었다.

이미지 컨설팅 과정은 몇 주 더 진행되었고, 우리는 몇 달 뒤 팔로우업(follow-up)을 위해 만났다. 안나는 다시 일을 하기로 결심했고, 쉽지 않았지만 결국 해냈다. 그녀는 능력이 있었고 용기가 있었으며, 나는 그녀의 새로운 시작에 작은 기여를 했다고 생각하니 기뻤다. 이것 또한 색채의 힘이다.

1

색채 분석

색채 분석이란 무엇인가?

색채 분석(Armocromia)은 피부, 눈, 머리카락 조합에 기초하여 우리 각자에게 맞는 이상적 색상 팔레트, 즉 우리를 더 아름답고, 더 젊고, 더 건강하게 보이게 할 수 있는 색상의 범위를 정의하는 과학이다. 이는 색채 분석에 대한 객관적이고 전문적인 첫 번째 정의이지만, 실제로 색채 분석은 과학 그 이상이다. 그것은 마법이며, 여러분의 이미지를 향상시켜 줄 뿐만 아니라—어쨌든 적지 않은 역할이다!—삶의 많은 측면을 포함하고, 색상에 대한 접근 방식을 영원히 바꿀 수 있다.

영어권(앵글로색슨) 국가에서는 색채 분석을 Color Analysis라고 한다. 이탈리아어 Armocromia의 어원은 더 감성적인데, 단어의 어원은 직접적으로 조화의 개념을 나타내는 반면, cromia는 그리스어에서 파생된 '색상(color)'을 의미한다. 그 비밀은 정확히 이 정의에 담겨 있는데, 우리 개인의 색상을 조화롭게 강조하도록 분석하는 것이다. 사실 아름다움의 기준은 역사를 통해 변화해 왔거나 다양한 지역에서 날라질 수 있지만, 우리는 자연스럽게 아름다움을 인식하고 감상한다. 아름다움의 유일한 객관성은 조화에 있기 때문이다. 따라서 이것은 우리 각자에게 적합한 팔레트를 찾기 위한 분석의 영감을 주는 원칙, 안내자, 그리고 등대가 된다. 그 외의 모든 것은 개인적인 취향이며, 이 취향이 우리의 선택을 이끌어야 한다. 그러나 어떤 기본적인 확신에서 시작되는 것은 이러한 접근법을 좀 더 무작위적이지 않게 만들어 준다.

색채 분석의 목적은 다른 누군가가 우리를 위해 결정한 팔레트를 수동적으로 할당하는 것이 아니라, 과학적이고 객관적으로 우리를 이끌어 색상을 발견하는 데 도움을 주는 것이다. 색상은 개인적인 취향과 상관없이 객관적이며, 거울 앞에 서면 여러분 스스로 그 색상을 인식할 것이기 때문이다. 색채 분석을 수행하는 사람—여러분이든 이미지 컨설턴트이든—은 색상이 전달할 수 있는 메시지의 대사라고 할 수 있다. 또한 나만의 색상 팔레트의 놀라운 발견을 안내하는 유용한 가이드가 된다. 이것은 색채 분석의 구체성을 보장할 뿐만 아니라 색상 친화성을 스스로 느끼기 위해 꼭 필요한 것이다.

그러나 한 가지 부작용이 있는데, 그것은 중독성이 있다는 것이다. 한 번 경험해 보면 더 이상 그것을 떨쳐버릴 수 없다. 옷차림부터 메이크업, 집, 사무실, 자동차에 이르기까지 모든 곳에 적용하고 싶은 억누를 수 없는 충동을 느끼게 된다. 이는 단지 외모적인 것뿐만 아니라 조화와 안녕감을 느끼게 해준다.

이제는 팔레트로 침대 시트도 사는 친구들도 있다. "알아, 로셀라,

아침에 일어나자마자 화장도 하지 않은 채 … 나는 친근한 색상들에 둘러싸여 있어!" 팔레트에 맞게 휴대폰 커버를 고르는 친구들도 있다. 액세서리로 생각하고 옷장의 다른 아이템과 조화롭게 맞추는 것은 당연한 것이다. 어떤 사람은 다음과 같은 관찰로 나를 놀라게 했다. "생각해 봐, 휴대폰은 항상 얼굴 근처에 있잖아. 그러니까 팔레트에 맞게 선택하는 것이 있는 게 중요하지!" 어떻게 그녀가 틀렸다고 할 수 있을까?

나는 어떻게 색채 분석이 여러분의 삶으로 녹아드는지 이 책에서 수많은 예시를 들 것이다. 따라서 여러분 스스로 색채 조화에 열정을 가지게 되고, 그 이점을 인정하게 되며, 결국 그것을 스타일 가이드, 더 나아가 인생 가이드로 채택할 것이다.

또한 그것이 여러분의 세계뿐만 아니라 그 밖의 세계에 적용될 수 있다는 것을 알게 될 것이다. 다른 사람들과 함께 그것을 공유하고, 사랑하는 사람과 친구들 … 때로는 낯선 사람의 팔레트를 추측하려고 할 것이다. 지하철에서 맞은편에 앉은 사람이나 슈퍼마켓 계산대에서 줄을 선 사람이 어떤 색채 그룹에 속하는지 알아보는 일이 발생할 수도 있다. 나는 종종 난처한 상황에 처할 때가 많다. 웨이터가 주문을 받는 동안 내가 전에 본 적이 없는 눈 색깔을 가졌기 때문에 계속 쳐다보거나, 엘리베이터에서 낯선 여성을 보면서 '잘 했어요! 그 립스틱 정말 잘 어울리시네요!'라고 혼자 속으로 생각하기도 한다. 마치 색깔이 있는 터널에 들어가는 것과 같다. 그리고 이제 돌이킬 길이 없다.

이미지 컨설턴트는 사람들이 자신의 이미지를 개선할 수 있도록 길을 만들고 조정해 주는 전문가이다. 미용 선택에서 쇼핑, 자세, 의상에 이르기까지 신체적 특성, 성격, 라이프 스타일과 일관성 있는 스타일을 만들어 낸다. 이탈리아에서는 비교적 새로운 직업이지만, 영미권 국가에서는 수십 년 동안 번성해 왔다.

이는 퍼스널 쇼퍼(personal shopper)와 혼동되어서는 안 되는데, 퍼스널 쇼퍼는 고급 의류, 액세서리, 보석, 가구 등의 구매를 위해 주로 리서치와 구매에 전념하는 컨설턴트다.

이미지 컨설턴트와 유사한 또 다른 직업은 사진 촬영이나 행사 또는 레드 카펫과 같은 특별한 경우를 위해 의상을 만들고 코디하는 스타일리스트다. 이미지 컨설턴트 역시 스타일링이나 퍼스널 쇼핑 세션을 제공하기도 하지만, 이것이 주요 활동은 아니다.

나의 직업에 대한 가장 흔한 오해 중 하나는 이미지 컨설턴트가 '유행에 맞게' 옷을 고르고 무엇이 '옳고 그른지' 가르친다는 것이다. 이것은 나의 활동 정신과 맞지 않는다. 이 책에는 '이것은 절대 하지 말아야 한다' 또는 '그 바지나 그 색은 절대 사용하면 안 된다'와 같은 문구는 없을 것이다. 나의 접근 방식은 각 개인의 아름다움을 끄집어 내는 데 초점을 맞추고 있다. 하지만 이는 내 개인적인 취향이나 주관적인 의견이 아니다. 나는 색상이 아름다움의 비밀을 더 나은 방식으로 보여주는 것을 선호한다. 나는 스스로를 '대사'라고 표현하는데, 내 분석을 이끄는 것은 바로 색상의 세계에서 비롯된 조화와 균형의 개념이다. 이것은 나, 당신 또는 순간의 유행에 의존하지 않는다. 내가 제공하는 조언은 조화의 개념에 기반하여 결정된다.

요약하자면, 내 목표는 사람들을 내 기준대로 변형시키는 것이 아니라, 형태와 색상의 조화와 균형이 각자에게 가장 적합한 솔루션을 나타내도록 하는 것이다. 이것이 바로 내 방법이 포용적이라고 말하는 이유다. 즉 금지하지 않고 제안하며, 검열하지 않고 개선하며, 배열하지 않고 존재하는 것을 드러나게 하는 것이다. 내 좌우명은 "아름다운 것이 아름다운 것이 아니라, 우리를 아름답게 하는 것이 아름다운 것이다"이다.

자신만의 팔레트

프랑스어 팔레트(palette)는 색상의 범위를 나타낸다. 색채 분석은 우리를 돋보이게 하는 요소를 식별하는 데 도움이 되는데, 옷과 액세서리 선택뿐만 아니라 메이크업과 머리카락 색 선택에도 도움이 된다. 팔레트는 각 개인마다 다른데, 바로 개개인의 자연색인 색채적 특성을 높여주기 때문이다. 따라서 우리 팔레트는 독특하고 개인적이라고 할 수 있다. 이후 소절에서는 여러분의 색채 특성을 분석하고 '친근한 색상'을 발견하도록 안내할 것이다.

여러분은 팔레트와 색채의 조화에 대해 안심해도 된다. 내가 친근한 색상 팔레트를 이야기할 때는 제한된 수의 색상을 말하는 것이 아니라 광범위한 색상 범위를 말하는 것이다. 색채 조화적 사계절 이론에서는 원래 30가지 색상 팔레트에 대해 이야기했다. 반면 내 방법은 각각의 팔레트에 개인화된 특성을 가진 무한한 수의 색상을 포함한

- 값(value)
- 내비(contrast)
- 강도(intensity)

2부에서 이 특성들을 하나씩 자세히 살펴볼 것이다. 여기서는 색채 특성을 찾기 위해 눈, 머리카락, 특히 피부색에 대해 알아볼 것이다. 이것을 '피부-눈-머리카락 조합'이라고 부른다. 특성의 정확한 분석을 위해서는 이러한 요소를 자연 상태에서 살펴보는 것이 중요하다. 예를 들어 머리카락은 인공 염색이 아닌 자연색을 고려한다. 마찬가지로 메이크업이나 태닝 없는 자연스러운 피부를 관찰한다. 일단 피부-눈-머리카락 조합에 대한 색채 특성이 분석되고 정의되면, 의상과 액세서리 선택에서뿐만 아니라 메이크업 및 머리카락 염색 선택에서도 이것들을 반복해서 적용하게 된다. 일종의 '거울 효과'처럼 친근한 색상이 자연스러운 색상을 반영하도록 '반복'이라는 방식으로 진행한다. 이 방법으로 우리가 선택한 색상들은 얼굴 주위에 생기를 더해주는 아우라를 만들어 준다.

역사적으로 대부분의 색채 조화 연구자들은 사람들의 색채 유형을 사계절에 해당하는 봄, 여름, 가을, 겨울의 네 가지 대분류로 나누는 데 동의한다. 물론 이 사계절의 이름은 순전히 관습적이며, 자연의 색상을 다양한 단계로 구분하기 위한 것이다. 예를 들어 봄 팔레트는 봄 꽃다발과 같이 밝고 태양의 빛을 닮은 색상을 사용하는 반면, 여름은 모래와 아쿠아마린과 같이 차갑고 연한 색상이 주를 이룬다. 가을은 붉은색과 노란색으로 물들어가는 숲의 따뜻하고 깊은 색상들을 지금까지 나온 내용을 통해 정확하고 깊은 색채 분석을 수행하는 것이 쉽지 않다는 것을 알 수 있다. 경험이 많은 컨설턴트들도 온라인이나 사진으로 색채를 분석하면 전문성이 떨어질 수 있다. 빛, 필터, 컴퓨터 및 휴대전화 모니터의 다양한 색상 표현은 색채 분석의 신뢰성을 떨어뜨릴 수 있는 간섭 요소가 된다. 유일한 예외는 유명인들이다! 숙련된 컨설턴트는 온라인 및 인쇄된 수백 장의 사진을 바탕으로 분석을 시도할 수 있나.

강조하고, 겨울은 눈의 흰색과 짧아지는 낮의 미드나잇 블루와 같이 차갑고 강렬한 색상을 보여준다.

물론 세계 인구를 네 가지 범주로 나누는 것은 다소 무리가 있다. 따라서 시간이 지남에 따라 이론이 확장되고 개선되어 다른 많은 성향을 수용하고 공통의 색채 특성에 따라 그룹화했다. 이에 대해서는 나중에 자세히 설명하겠다. 여기서는 이 규칙이 중요한 만큼 단순하게 설명하고자 한다. 타고난 색이 무엇이든, 우리가 속한 계절은 반복과 조화의 원리에 따라 동일한 색채 특성을 갖는다. 물론 우리는 메이크업, 컬러 렌즈, 머리카락 염색 등을 통해 타고난 색을 바꿀 수 있지만, 그렇다고 해서 속한 계절이 바뀌는 것은 아니다.

색채 조화가 이미지뿐만 아니라 우리 삶을 향상시키는 이유

색상이 피부에 미치는 브라이트닝 및 스무딩 효과는 앞에서 이미 말한 바 있다. 팔레트를 사용하면 즉시 더 아름답고, 더 젊고, 더 적합하게 만들어 준다. 이 밖에도 무수히 많은 실용적이고 심리적인 이점이 있다. 실용적인 이점부터 알아보자.

세상에는 쇼핑을 좋아하는 사람과 싫어하는 사람이 있다. 일부 사람들에게는 믿기 어려울 수 있지만, 사실이다. 쇼핑을 좋아하는 사람은 보통 다양한 종류의 옷과 액세서리로 가득찬 옷장을 갖고 있다. 충동구매, 세일 상품이나 계절별 필수품 및 각종 실험적인 상품 등의 구매를 통해서 말이다. 이러한 사람에게 참조 팔레트가 있다는 사실은 구입 여부를 거르는 데 도움이 된다. '기분에 따라 마구 사는 게 아니라 먼저 생각해 보고 결정한다'는 것이다.

이것이 새로운 쇼핑 접근 방식에 대한 첫 번째 단계다. 더 많이 인식하고, 더 개인화하고, 아마도 더 윤리적이기까지 할 수도 있다. (단지) 내가 좋아하는 것만을 사지 않고 무엇보다 나에게 잘 어울리고 이것을 분명히 활용할 것을 사야겠다는 것이며, (거의) 입지 않을 것들로 옷장을 채우지 않는다는 것이다.

쇼핑을 싫어하는 사람도 있다. 쇼핑을 힘들거나 불편하다고 여기며, 피팅룸 줄이나 만족스러운 물건을 찾아야 하는 험난한 과정에 겁을 먹을 정도다. 온라인 쇼핑의 경우도 다르지 않다. 제품이 너무 다양하고 필터링도 충분히 개인화되어 있지 않아 여전히 좌절스러울 수 있다. 이러한 유형의 사람들을 위한 색채 조화의 장점은 훨씬 더 분명하다. 개인화된 기준에 따라 검색을 세분화하면 쇼핑이 놀라울 정도로 빠르고, 만족스러우며, 무엇보다 즐거울 수 있다.

"나는 부티크에 들어가 망설임 없이 친근한 색상을 향해 가서 가게 전체를 한눈에 스캔해요. 그러면 모든 것이 더 빨라지고 집에 잘못된 옷을 가져올 위험이 없어요!" 나의 열성적인 고객들이 나에게 하는 이야기다. 쇼핑에 대한 여러분의 접근이 어떻든 간에 색채 조화는 시간, 공간 및 비용을 절약하고 효율적으로 활용할 수 있게 도와준다.

실용적인 이점에 대해 내가 특히 관심을 갖는 또 다른 이유가 있다. 그것은 색상을 맞추는 방법이라는 상당히 일반적인 문제를 해결하기 때문이다. 최근 몇 년 동안 나는 이미지 컨설팅 업계에서 일해왔으며, 많은 사람들이 색상을 결합하고 즐거운 조합을 만드는 데 어려움을 겪는다는 것을 알게 되었다. 실수할까봐 두려워서 사람들은 종종 시도를 포기하고 결국 검은색에 의지하는 경향이 있다.

색상 팔레트를 통해 자신만의 스타일을 만들거나 개선하여 독특하고 인식하기 쉬운 스타일을 구축할 수 있다. 즉 검은색 일변도, 표준화 및 평면화에 맞서는 유용한 동맹자다. 이 책 4부에서 조합에 대해 충분한 공간을 할애할 것이지만, 이 색상 팔레트가 선택뿐만 아니라 색상 조합에서도 훌륭한 가이드가 될 것이다. 방법은 아주 간단하다. 팔레트의 모든 색상은 서로 조화를 이루는데, 이는 동일한 값, 대비, 언더톤 및 강도 기준으로 사전에 선택되었기 때문이다. 결과적으로 색상들은 여러분의 피부톤뿐만 아니라 그들끼리도 서로 잘 어울린다. 이 모든 것의 장점은 무엇인가? 무엇보다 옷장에 팔레트가 있다면 여러분은 색상을 보지 않고도 옷을 차려 입을 수 있다. 즉 아침에 옷을 고르고 매칭하는 데 소요되는 시간을 엄청나게 절약할 수 있는데, 이는 옷상 앞에서 '자동 조종 장치'를 사용하는 것과 같다.

또 다른 큰 이점은 모든 것을 잘 조합하면 많은 양이 필요하지 않다는 것이다. 각각의 옷에 맞는 신발 또는 각각의 정장에 맞는 코트가 필요하지 않다. 모든 옷이 완벽하게 회전되며 이 회전의 중심은 색상이다. 많은 사람들이 옷장이 가득 차 있지만 "입을 옷이 없다"고 불평한다. 갈색 바지가 40벌 있고 회색 스웨터가 50벌 있더라도 아무것도 없는 것과 마찬가지다! 그러나 미리 따뜻한 색상이나 차가운 색상의 팔레트로 구입했다면 무한한 조합을 만들 수 있으며, 이렇게 하면 확실히 90벌의 옷이 필요하지 않을 것이다.

내 직업이 무엇인지 알기에 많은 사람들이 내 옷장을 보고 옷이 적은 것에 대해 놀라워한다. 사실 내 직업과 이러한 확실한 방법 덕분에 적은 옷으로도 무한한 조합을 만들어 낼 수 있다. 이제 색채 조화가 가진 마법의 힘에 대해 이해할 수 있을 것이다. 더 이상 네일 색상과 어울리지 않는 옷을 입을 걱정은 하지 않아도 된다. 메이크업도 옷장과 동일한 색상 팔레트를 사용하고 있기 때문이다. 어떤 스타일을 선택하든, 심지어 무작위하고 서두를 경우에도 분명히 성공할 수 있다.

사실 가장 아름다운 조합은 우연과 서두름의 산물이다. 밤에 옷을 던져둔 침대 옆의 의자를 상상해 보자. 때로는 그곳에 쌓인 옷 중에서 이전에 생각지 못했던 조합을 발견한다. 또한 서둘러 집을 나가야 할 때 손에 첫 번째로 잡히는 스카프를 두르게 되는 상황이 있을 수 있다. 이렇게 팔레트 옷장에서 옷을 선택할 때 예상치 못한 조합이 우리를 놀라게 하곤 한다.

변화의 힘

특정 계절 또는 하위 그룹에 속한다고 해서 우리 팔레트에 없는 색상을 완전히 포기해야 하는 것은 아니다. 간단하게 말하면 우리를 가치 있게 만들고 우리의 개인 팔레트와 조화를 이루는 색상의 올바른 톤을 찾으면 된다.

습관을 바꾸는 것은 어려울 수 있다. 용기가 필요한 일이며, 우리가 용기가 있는지 확신할 수 없을 때도 있다. 하지만 긍정적인 면은 많은 경우 내면적으로 새롭게 태어날 수 있게 하고, 우리 안의 작은 보석들을 발견하게 해준다. 물론 처음에는 조심스러울 수 있다. 옛 길을 떠나 새 길을 찾는 것은 항상 안심스럽지 않기 때문이다. 하지만 변화가 진행되면 다른 사람들로부터 받는 격려가 우리가 올바른 방향을 향해 나아가고 있다는 것을 깨닫게 해준다.

작은 일상적인 변화는 새로운 에너지를 발산하고 우리에게 필요한 심리적 동기를 제공한다. 이러한 변화들은 더 크고 중요한 변화들을 대비하는 데 도움이 될 수 있다. 새로운 직장으로의 이직, 관계를 시작하거나 끝내는 결정, 자녀를 가질 결정, 새로운 집 찾기, 못마땅한 친구와 헤어지고 새로운 인연을 만나는 것, 오랫동안 꿈꿔왔던 여행을 떠나는 것과 같이 더 큰 변화를 맞이할 준비를 하게 된다. 이러한 변화들은 우리에게 긍정적인 영향을 미치며 우리를 자극하고 일상적인 것들에서 벗어나 새로운 경험과 도전을 할 수 있게 해준다. 그리고 이러한 변화는 다른 사람들과 더 잘 지내고 자신의 잠재력에 대한 자신감을 기르는 데 도움이 된다.

색채 조화는 우리의 이미지뿐만 아니라 삶 전체를 바꿀 수 있다. 때로는 사소한 변화를 수용하는 것이 더 큰 과정의 첫 번째 단계가 될 수 있다. 나는 항상 그렇게 생각해 왔고, 실제로 이를 내 인생을 통해 경험해 왔다. 10년 동안의 경험을 통해 수집한 증언들이 이를 확증하고 있다. 색채 조화는 실천하기 쉽고 누구나 할 수 있는 마법 같은 변화의 힘을 가지고 있다.

2

색채 조화와 과학

색채 조화의 과학적 기초

색채 조화 분석에서는 피부-눈-머리카락의 조합을 고려하지만, 그중에서도 피부색이 가장 주요하게 적용된다. 따라서 머리카락이 금발이라고 해서 여름형에 속한다거나, 검은색 머리카락이라고 해서 겨울형에 속한다고 볼 수는 없다. 나는 종종 "한 마리의 제비가 봄을 만들지 않듯이, 갈색 머리카락만으로는 가을을 만들 수 없다!"라고 말하곤 한다.

색상 이론은 개인적인 인식 이상의 근거를 가지고 있다. 우리의 피부가 노란색, 올리브색 또는 분홍빛을 띠는 이유에는 과학적인 설명이 있다. 이러한 분석을 통해 우리에게 적합한 색상과 어울리지 않는 색상을 파악할 수 있다.

나는 생물학이나 의학을 공부한 바 없지만, 유용한 정보를 제공하기 위해 몇 가지 개념을 간단하게 설명하고자 한다. 기술적인 세부 사항은 다루지 않을 것이다.

간단히 말해 우리 피부의 색은 주로 다음과 같은 요소들의 조합으로 결정된다.

- 카로틴(carotin)
- 멜라닌(melanin)
- 헤모글로빈(hemoglobin)

피부 하층의 진피층에 포함되어 있는 카로틴은 노랑–주황색을 띠며 피부색을 더 황금빛으로 만들어 준다. 피부를 더 어둡게 만드는 데에는 멜라닌이 담당한다.

멜라닌 세포라고 불리는 세포에서 생성되는 멜라닌은 우리 피부의 색조를 결정하는 역할을 한다. 멜라닌 세포의 양은 모든 개인에게서 비슷하지만, 실제로 활성화되는 세포의 수에 따라 피부가 더 어둡거나 다양한 색조를 띠게 된다.

멜라닌은 무엇보다도 태닝 활성제로 알려져 있다. 그러나 모든 사람이 같은 방식으로 태닝이 되는 것은 아니다. 어떤 사람은 쉽고 빠르게 태우고, 어떤 사람은 어렵게 태우며, 또 어떤 사람은 전혀 태닝이 되지 않고 오히려 화상을 입기도 한다. 멜라닌은 피부가 더 어두워지도록 하지만, 이것이 피부를 더 따뜻한 황금빛으로 만든다는 의미는 아니다. 그래서 태닝 유형이 모든 사람에게 동일하지 않은 것이다. 두 사람이 동일한 양의 멜라닌을 활성화시키더라도 그들의 태닝은 서로 다를 수 있다. 한 사람은 더 황금빛으로, 다른 한 사람은 벽돌색으로 올리브색 피부는 메이크업이나 태닝 없이 자연 상태에서 보면 약간 녹색 또는 회색빛이 도는 경향이 있다. 따라서 이러한 피부는 파란색 계열의 색상을 선호하며, 베이지색이나 갈색, 주황색은 좋아하지 않는다.

많은 사람들이 올리브색이라는 용어를 (그 반대인) 황금색 또는 (우리가 보았듯이 차가울 수도 따뜻할 수도 있는) 어두운색과 혼동한다. 올리브색 피부와 호박색 피부를 비교하면 두 가지는 매우 다른 유형이다. 이 차이점에 대해서는 뒤에서 확인할 것이지만, 일단 기억해 두자!

태닝될 수 있다. 첫 번째 경우는 아마도 카로틴과 결합하여 더 따뜻하게 보일 것이고, 두 번째 경우는 더 차갑게 보일 수 있지만 그렇다고 해서 태닝이 덜 진행된 것은 아니다.

전 세계 통계에 따르면 여성은 평균적으로 남성보다 더 밝은 색상을 띠고 있다고 한다.

한편 적혈구에 포함된 헤모글로빈은 피부에 분홍색에서 빨간색까지 다양한 색조를 부여해 준다. 혈액의 산소화 정도에 따라 정맥의 색상이 결정되는데, 정맥은 푸른색으로 보이기 때문에 입술이 보라색이거나 피부가 회색빛을 띠게 된다.

부모로부터 어떻게 색을 물려받을까?

우리는 부모로부터 유전적 특성을 물려받는다. 색상의 경우 모계나 부계 또는 이 둘의 혼합일 수 있다. 우리의 색상 팔레트는 각자의 색상 특성인 언더톤, 값, 대비 및 강도에 따라 결정된다.

나의 어머니는 차가우면서 어두운 색상을 가지고 있고, 아버지는 따뜻하면서 밝은 색상을 가지고 있다. 나의 색상은 정확히 두 가지의 혼합인데, 어머니와 같이 어두운 색상이지만 아버지와 같이 따뜻한 색상이다. 따라서 가족 구성원 중에 이해하기 어려운 색상 차이가 있다 해도 놀라운 것이 아니다. 자식들은 대개 부모의 혼합이거나, 아니면 한 세대를 건너뛰어 색상의 유전적 특성을 물려받을 수 있다. 예를 들어 나의 여동생의 눈은 할머니처럼 녹색을 띠고 있다. 정말 다양한 조합이다!

눈동자 색의 경우 홍채의 멜라닌 농도에 의해 결정되며, 이는 정

파란색 눈동자

파란색 눈동자는 비교적 최근에 나타난 돌연변이로 추정되며, 약 1만 년 전에 나타난 것으로 알려져 있다. 하지만 이 눈동자는 인간들 사이에서 빠르게 퍼져나갔다. 밝은색 눈동자를 가진 사람이 더 매력적으로 여겨지고 더 자주 파트너로 선택되었기 때문이다. 이는 인류학자들의 주장이지만, 합리적인 추정인 것 같다.

그러나 밝은색 눈동자가 덜 선호되었던 시대도 있었다. 고대 로마 시대에 그것은 야만인과 관련된 특성이라 간주되어 무시당했다.

확히 말하면 15번 염색체에 들어 있다. 일반적으로 어두운색 눈동자는 우성 유전자인 반면, 밝은색 눈동자는 열성 유전자이다. 실제로 밝은색 눈동자와 어두운색 눈동자를 가진 부모로부터 태어난 아이가 어두운색 눈동자를 가질 확률이 유전적으로 더 높다. 밝은색 눈동자는 통계적으로 불리하다고 할 수 있다.

색채 조화에 성별 구분은 없다

색채 조화가 단지 외모에 관한 문제가 아니라 진정한 삶의 철학이라는 것이 분명해지면, 그것이 우리의 내면과 외면 모두에 관련된 것임을 쉽게 파악할 수 있다. '더 멋지게 보이기'는 우리 자신과 다른 사람들과의 관계에서 개인적인 삶에서부터 직업적인 삶까지 모든 면에 영향을 미치게 된다. 이것은 남성과 여성, 그리고 모든 연령대를 포함한다.

다음 장에서는 색상의 사용을 횡단적·심층적으로 탐구하기 때문에 성별과 성적 성향에 상관없이 모두에게 도움이 될 것이다. 색채 조화는 모두에게 동일한 규칙과 방법을 적용하기 때문이다. 남성과 여성 간에는 차이가 없다.

그리고 놀랍게도 남성은 자신에게 친근한 색상을 더 잘 인식하는 경향이 있다. 흔히 여자들은 복잡하고 남자들은 단순하다고 말하지만, 색채 분석 결과 이를 확인할 수 있다.

남성에게 색상 팔레트를 보여주면 "전 이미 이 색상들을 사용했어요. 저한테 잘 어울린다는 걸 알았거든요"라고 말하는 경우가 많다. 반대로 석설하지 않은 색상에 대해서는 "전 이 색상을 사용하지 않아요. 좋아하지 않거든요"라고 말한다. 이렇게 간단하다!

여성은 조금 더 복잡할 수 있다. 우리는 모든 것을 원하고, 우리에게 어울리지 않는 색상들까지 원하곤 한다. 유행이라서, 동료가 그 색이 옷을 입은 것을 보아서, 한번 사용해 보고 싶어서, 단순히 포기하고 싶지 않아서 등등.

물론 예외가 있을 수 있지만, 일반적으로 남성이 더 단순하기 때문에 색채 조화에 있어서 여성보다 더 뛰어난 경우가 많다. 여러분은 '단순'이라는 단어에 긍정적인 의미를 줄지 부정적인 의미를 줄지 결정하기만 하면 된다.

색채 조화에 나이 구분은 없다

색채 조화는 성별과 관계없을 뿐만 아니라 나이와도 관계가 없다. 색채의 힘은 우리를 향상시키고 우리를 더 젊어지게 보이게 하므로 자신의 이미지를 '새롭게' 하고 싶은 사람들에게 매력적인 자원이다.

피부를 밝게 하고 결점을 숨겨 주는 색채의 힘에 대해 이미 언급했지만, 색상이 우리를 젊어 보이게 한다는 것에 대해서도 언급하고 싶다. 갈색 또는 검은색 조끼를 입은 성인 남자는 허름하고 초라해 보일 수 있는 반면, 화려한 색상의 컬러 니트를 입으면 훨씬 더 활기차고 활력이 넘쳐 보인다.

따라서 나는 개인적으로 검은색에 반대하는 캠페인을 하고 있다. 그러나 검은색이 개성이 넘치는 우아한 컬러임은 부정하지 않는다. 검은색의 경우 의도적인 선택으로서 높이 평가하기도 하지만, 색상을 포기하는 것으로 보기도 한다('색상 공포증'이라고도 한다). 그것은 '이미…'라는 느낌을 주고, 또한 우리를 노년으로 만들어 버린다. 연령과는 상관없이 그렇게 느끼게 만든다.

색채 조화의 노화 방지 효과는 젊은 사람들에게도 적용된다. 어떤 연령대에서든 사람들은 잠재력을 극대화하고 최선을 다하고 싶어 한다. 직장 생활에서 신뢰를 얻고 싶어 하는 이제 막 대학을 졸업한 사회 초년생을 생각해 보라. 색상을 전략적으로 사용한다면 가능하다. 그리고 이상하게 들리겠지만 너무 어려 보인다는 사실 때문에 힘들게 사는 사람들도 적지 않다. 그들은 더 젊어 보이는 외모의 장점은 알고 있지만, 직업 영역에서는 진지하게 받아들여지지 않는다고 느끼곤 한다. 색상이 이 경우에도 도움이 될 수 있다. 권위를 부여할 수 있다는 것이다.

여기서 끝이 아니다. 색채 조화는 어린이에게도 훌륭한 해결책이다. 어떤 어머니는 자신의 아이를 위해 팔레트를 이용해서 모든 것을 구입한다고 털어놓았다. 부모님의 직감을 믿어라! 여러분이 어렸을 때 항상 어떤 색상으로 옷을 입혀 주셨는지…. 나는 그것이 실제로 분석 대상자의 최고의 색상이고, 그것이 그들을 가장 멋지게 만드는 색상임을 여러 번 발견했다. 어떤 것이 당신에게 최고의 색상인지 어머니는 알고 있다!

3

역사적 개요

색상에 관한 초기 연구

색상에 대한 연구를 심화시킬 수 있는 많은 이론들이 있다. 역사는 다양한 시각에서 색상의 복잡성을 보여주며, 물리학적인 관점부터 철학적 관점, 초자연적 관점, 예술적인 관점에 이르기까지 다양한 이론들이 있다.

색상 연구에 대한 가장 대표적인 공헌 가운데 하나는 의심할 여지없이 독일의 작가이자 시인이며 과학자인 괴테(Johann Wolfgang von Goethe)가 1810년 《색채론》을 출판한 것이다. 그는 관찰자의 눈과 감수성 덕분에 색이 존재한다는 보다 낭만적인 시각을 주장하면서 뉴턴(Newton) 연구의 수학적이고 물리학적인 접근 방식을 공개적으로 논박한다.

19세기에는 또한 화학 산업의 발전과 염색 공정을 용이하게 하는 합성 색상의 발전이 이루어진다. 19세기에서 20세기까지 심리학, 신경과학(뇌과학) 및 예술 이론과 같은 현대 연구 분야는 색상 연구에 새로운 생명을 불어넣는다.

20세기 초에는 색상 이론과 예술이 새로운 기술과 만나 발전의 시기를 맞이하게 된다. 이 성공적인 만남으로 인해 색채 조화의 혜택을 현재까지 누릴 수 있게 되었다. 그 과정을 단계별로 알아보자.

실제로 색채 조화를 발명한 사람은 누구일까?

20세기 초반 이미지 컨설팅 분야를 크게 발전시킨 것은 기술 혁신으로, 특히 영화 산업에서 색상의 도입이 이를 가능하게 했다. 미국에 테크니컬러(Technicolor) 기술이 보급됨에 따라 색상은 할리우드의 스타 시스템에서 중요한 도구로 자리 잡았다. 이후부터 할리우드 배우들은 색상을 전략적으로 활용하여 관객을 매혹시키는 무기를 하나 더 갖게 되었다.

할리우드 영화 산업의 의상 디자이너들이 이 혁명을 주도하였으며, 각 배우에게 맞춤형 팔레트를 시험하면서 그 시대를 빛낼 스타들을 창조하는 데 기여했다. 그들은 최초의 진정한 이미지 컨설턴트이자 재단사였는데, 탁월한 재단 기술과 패션 스타일링, 그리고 색채 조화 기술에도 능숙했다.

그 시기의 오래된 영화를 보면 각 캐릭터가 각각의 장면과 변화에 맞추어 자신의 친근한 색상 팔레트를 따르는 것을 발견할 수 있다. 이후로 이 기술은 모델, 가수, 뉴스 앵커, 정치인 등 다른 분야로 확장되었다.

1970년대와 1980년대에는 색상 이론이 전문 분야에서 벗어나 모든 사람이 접근할 수 있게 되면서 이미지 컨설팅의 색상 이론이 대중화되는 데 큰 역할을 했다. 이 시기에 색상과 관련된 출판물들이 많이 나왔으며, 이러한 책에서 소개된 이론들 덕분에 이미지 컨설팅의 비밀이 전문적인 분야를 넘어서 미국의 상류층 가정, 일반 여성들이 자주 방문하는 미용실, 그리고 여러 종류의 잡지들에까지 확대되었다.

1980년 《컬러: 당신의 본질(Color: The Essence of You)》을 출판한 수잔 케이질(Suzanne Caygill)은 성격의 특성과 신체적 형태를 고려한 광범위한 분석에 색상 연구를 포함시킨 것으로 인정받았다. 이 책에서는 'Floral Spring(꽃이 만개한 봄)', 'Iridescent Summer(무지개색 여름)', 'Tawny Autumn(황갈색 가을)', 'Exotic Winter(이국적인 겨울)와 같은 시적이고 감상적인 이름의 개인 맞춤형 팔레트를 만들었다. 각 팔레트에는 거의 모든 색상이 포함되지만 각 고객의 개성에 따라 특별한 특성이 있었다. 이 방법은 가정 공간에까지 확장되었다.

1979년에는 버니스 켄트너(Bernice Kentner)의 《컬러 미 어 시즌(Color Me a Season)》이 등장하여 색채 조화의 기본 규칙을 소개한다. 머리카락 색이 일반적으로 더 많은 관심을 끌지만 우리가 속한 계절을 결정하는 것은 피부라는 것이다.

한편 캐럴 잭슨(Carole Jackson)이 출판한 《컬러 미 뷰티풀(Color Me Beautiful)》은 당시 색채 조화의 참고서 역할을 하였다. 이 책은 '아름다움의 색상들. 퍼스널 컬러를 사용하여 자연의 아름다움을 발견하라'라는 제목으로 1986년 이탈리아에서 출판되었는데, 개개인이 자연스러운 아름다움을 발견하는 데 있어 색상을 활용하는 방법을 소개했다. 그러나 수년 동안 절판되었기 때문에 오늘날에는 찾아볼 수 없다. 캐럴 잭슨은 이론을 도식화하고 단순화하여 대중에 전달한 덕분에 이론이 보다 쉽게 이해되고 접근 가능해졌으며, 각 계절에 맞는 30개의 색상을 요약하여 쇼핑 시 이용할 수 있는 실용적인 도구를 제공하는 데 성공하였다.

왜 사계절 이론으로 충분하지 않을까?

사계절 이론은 사람들이 얼마나 다양하고 서로 다른지 고려할 때 너무 간단해 보일 수 있다. 전 세계의 모든 사람들을 네 가지 범주에 포함시키려는 시도는 사실상 불가능한 일이다.

지난 30년간 색채 조화는 계속 발전해 왔으며, 색채 분석에 대한 첫 번째 접근 방식을 바탕으로 더 발전된 이론이 등장했다. 이 책에서는 소프트(soft), 브라이트(bright), 웜(warm), 쿨(cool), 라이트(light), 딥(deep) 같은 단어들을 자주 사용할 것이다. 이 단어들은 색채 조화의 사계절 그룹을 더욱 복잡하게 분류하는 일종의 '하위 그룹'을 나타내며, 개개인의 특성에 더 잘 부합하는 분석을 가능케 한다. 이에 대해 더 자세히 알아보겠다.

그렇다면 왜 아직도 사계절 이론을 공부하는 걸까? 나는 항상 학생들에게 계절 이론은 라틴어와 같다고 말한다. 라틴어는 더 이상 사용되지 않지만 우리는 여전히 이를 공부하여 이탈리아어를 더 잘 구

사할 수 있다. 이와 같은 비유를 통해 이 이론이 나에게 무엇을 의미하는지 설명할 수 있을 것 같나. 즉 사계절 이론은 색채 조화의 첫걸음을 내딛는 데 유용한 훌륭한 출발점이며, 하위 그룹을 더 잘 이해하는 데 도움이 된다.

4

영화 속 색채 조화

에디스 헤드와 가장 아름다운 옷장

여기 나의 가장 큰 두 가지 열정, 즉 영화와 컬러가 함께 있다. 앞서 언급했듯이 색채 조화는 화면에서 컬러 혁명을 경험한 헐리우드 의상 디자이너들에게 많은 영향을 받았다. 그들은 '영화를 보는' 새로운 방식의 선구자로, 대중에게 도달하는 소통 도구로서의 색상의 잠재력을 최대한 활용했다. 그들은 무대 의상의 색상이 배우의 언어를 완성하는 서사적 도구가 될 수 있음을 직감했고, 예술사의 색상 이론을 활용하여 그것을 이미지와 엔터테인먼트 세계에 적응시켰다.

이 주제에 대해 다룰 때 바로 떠오르는 이름은 에디스 헤드(Edith Head)이다. 그녀는 최고의 의상 디자인으로 8개의 아카데미 상을 수상했으며, 그 결과 '명예의 거리(Walk of Fame)' 스타가 되었다. 그녀의 작품 중에서 우리는 역사상 가장 위대한 디바를 위해 만들어진 꿈의 드레스를 기억한다. 그녀를 성공으로 이끈 영화는 다음과 같다.

〈삼손과 데릴라(Samson And Delilah)〉(1949년)

세실 B. 드밀(Cecil B. DeMille) 감독. 성경을 주제로 한 블록버스터. 헤디 라마(Hedy Lamarr)의 피콕 드레스(peacock dress)가 유명하다.

〈이창(Real Window)〉(1954년)

앨프리드 히치콕(Alfred Hitchcock) 감독. 그레이스 켈리(Grace Kelly) 주연. 개인적으로 이 영화에서 주연 여배우가 입은 옷이 역사상 가장 아름다운 옷이라고 생각한다.

〈나는 결백하다(To Catch a Thief)〉(1955년)

앨프리드 히치콕 감독. 그레이스 켈리 주연. 여기서도 영화 역사상 가장 아름다운 옷 중 하나를 감상할 수 있다. 의상 디자이너는 에르메스 액세서리를 선택했으며, 그레이스 켈리는 자신의 이름을 딴 가방에 매료되었다고 한다.

〈십계(The Ten Commandments)〉(1956년)

세실 B. 드밀 감독. 에디스 헤드가 의상을 제작한 수많은 대규모 영화 중 하나. 앤 박스터(Anne Baxter)의 의상은 기억할 만하다.

〈퍼니 페이스(Funny Face)〉(1957년)

스탠리 도넌(Stanley Donen) 감독. 오드리 햅번(Audrey Hepburn)의 의상을 위한 에디스 헤드와 지방시(Hubert De Givenchy)의 협업을 볼 수 있다.

〈티파니에서 아침을(Breakfast at Tiffany's)〉(1961년)

블레이크 에드워즈(Blake Edwards) 감독. 오드리 햅번 주연. 의상은 에디스 헤드와 지방시가 공동 제작했다. 이 두 디자이너가 주인공의 의상을 위해 손을 잡았다는 것은 잘 알려지지 않았다.

색채 조화에 대한 출판물은 많지 않고 일부는 찾을 수 없거나 오래전에 출판되었다. 따라서 이러한 오래된 영화들을 보면서 열심히 팔레트를 들고 다니며 여배우에게 친근한 색상과 적대적인 색상을 식별하는 것이 좋다. 색채 분석 규칙에 익숙해지는 것은 좋은 연습이며, 여전히 내가 가장 좋아하는 취미 중 하나다!

할리우드 유명 배우들의 색상 사용: 오드리 햅번의 경우

스타를 만들기 위한 완벽한 레시피는 존재하지 않는다. 스타의 성공에 기여하는 많은 요소들이 있다. 개성, 성격, 열정, 재능, 매력, 표현력, 우아함 등등. 그리고 마지막으로 한 시대의 경계를 뛰어넘어 집단적 상상 속에서 불멸의 스타일 아이콘이 될 수 있는 녹슬지 않는 이미지를 들 수 있다.

앞서 보았듯이 과거 헐리우드 여배우들의 이미지 창조에서 색상은 결정적인 역할을 한다. 이를 상세히 설명하기 위해 많은 사람들이 불멸의 아이콘으로 여기는 상징적인 여배우 오드리 햅번과 같이 스타일과 우아함 측면에서 시대를 초월한 캐릭터의 색상 팔레트에 대

해 알아보고자 한다. 그녀의 팔레트는 스크린과 사생활 모두에서 충
실하게 고수해 온 차갑고 강렬한 색상으로 만들어졌다.

분홍색

분홍색은 의심의 여지 없이 오드리 햅번과 그녀의 스타일, 즉 여성스
럽고 섬세하며 고상하고 우아한 스타일을 잘 표현하는 색상이다. 매
혹적인 모자 컬렉션 외에도 오드리 햅번은 이 차갑고 빛나는 색상으
로 많은 무대(및 비무대) 의상을 선보인다. 〈티파니에서 아침을〉에서
입었던 화사한 핑크빛 드레스를 어떻게 잊을 수 있을까? 이 의상은
미국 의상 디자이너 에디스 헤드의 또 다른 걸작이다.

빨간색

빨간색은 분홍색의 형제이자 아버지로, 더욱 차갑고 강렬하며 생생
한 버전으로 여배우들에게 가장 사랑받는 색상이다. 의상만이 아니
라 미용(뷰티)에 대해서도 이야기하고 있다. 달의 색조와 머리카락의
높은 대비는 햅번이 사용하는 빨간색 립스틱의 이상적인 베이스다.
빨간색은 화면뿐만 아니라 사생활에서의 그녀를 표현하는 수많은 사
진 속에서도 자주 등장한다.

파란색

차갑고 밝은 색상에 대해 말하자면, 파란색은 오드리 햅번의 팔레트
에서 빠질 수 없는 색상이다. 특히 더 강렬한 색조에서 그녀의 도자기
피부와 잘 어울린다. 또한 더욱 섬세하고 그녀의 본톤(bon ton) 스타

일과 일치하는 버전도 매우 좋다. 파란색은 1950년대 데뷔부터 성숙기까지 그녀의 팔레트에서 자주 보인다.

보라색

파란색과 유사하며 오드리 햅번의 팔레트에서 자주 볼 수 있는 또 다른 색상은 보라색이다. 이 색상은 보석 같은 눈동자를 가진 여성에게 특히 잘 어울린다. 이 경우에도 부드러운 톤과 더 진한 색조가 번갈아 나타나는 것을 볼 수 있지만, 공통분모는 항상 차가운 언더톤이다.

초록색

초록색은 단순한 색상이 아니다. 그러나 오래된 할리우드 의상 디자이너들은 오드리 햅번의 안색에 적합한 제품을 알고 있었다. 보틀 그린에서 에메랄드 그린에 이르기까지 연색성(color rendering)이 우수한 벨벳이나 새틴과 같은 풍부하고 빛나는 직물을 선택함으로써 색감을 향상시킬 수 있다.

노란색

오드리 햅번은 또한 노란색과 같은 밝은 색상을 매우 좋아했으며, 특히 레몬과 같은 밝은 색조를 선호했다. 캐릭터의 섬세함을 강조하기 위해 차갑지만 오렌지빛이 없는 옅은 노란색을 선호했는데, 이로 인해 그녀는 거의 어린아이처럼 보였다.

흰색

순수하고 차가운 밝은 흰색은 실제로 오드리 햅번이 가장 좋아했던 색상 중 하나다. 항상 순순하고 차갑고 빛나는 색상이다. 세트 이미지 외에도 젊었을 때부터 노년기까지 사생활에서도 온통 흰색으로 묘사된 사진이 많이 있다.

검은색

사계절 색채 분석법을 따르면 오드리 햅번의 색상은 겨울형으로 분류된다. 따라서 햅번에게 검은색은 빠질 수 없는 색상이다. '리틀 블랙 드레스'에 대해 이야기할 때 우리는 그녀와 영화 역사상 가장 아름다운 드레스를 떠올린다. 무엇보다 〈티파니에서 아침을〉에 나오는 지방시의 의상을 잊을 수 없다.

대비

오드리 햅번의 특성을 최대한 살리는 데 흰색이나 검은색보다 더 효과적인 것이 있는데, 바로 흑백 대비다. 사실 그녀의 피부-눈-머리카락은 밝은 요소와 어두운 요소의 조합이 특징이라 흑백으로 작용하는 모든 액세서리가 잘 어울린다. 그러나 오드리 햅번이 특히 사랑한 대비가 있었는데, 바로 줄무늬다. 모든 크기와 조합의 줄무늬를 착용했는데, 그녀의 작은 체구는 수평적 줄무늬의 확장 효과를 두려워하지 않았다. 그리고 꽃무늬, 점과 작은 패턴들도 색상 대비로 항상 착용했다.

〈바람과 함께 사라지다〉의 경우

영화에서 색상의 도입은 다양한 연구와 실험을 촉발시켜 '색채 분석 (Color Analysis)' 시스템의 개발로 이어진다. 옛날 영화들을 보면 각 등장인물에 특정한 색상 팔레트가 할당되어 더 아름답거나 더 강렬하게, 또는 필요에 따라 더 야위거나 약해 보이도록 만든다. 이 시점부터 영화 속의 색상은 그 어느 때보다 표현의 도구가 된다.

가장 뛰어난 사례 중 하나는 1939년 테크니컬러(Technicolor)로 촬영한 명작 〈바람과 함께 사라지다〉이다. 여러분도 할리우드의 분위기를 느끼고 싶다면 집에서 편안하게 색상 팔레트를 참고하며 이 영화를 다시 감상해 보라! 각 장면에서 주인공이 자신을 돋보이게 하고 캐릭터에 힘을 실어주는 색상의 옷을 입거나, 그 반대로 캐릭터가 쇠약해졌거나 아프거나 가난한 모습으로 보이도록 하는 색상의 옷을 입은 것을 발견하게 될 것이다.

스칼렛 오하라

스칼렛의 색상, 즉 배우 비비안 리(Vivien Leigh)의 색상은 차갑고 강하다. 이 캐릭터의 대표적인 색상은 의심할 여지 없이 초록색으로, 화려하고 강렬하며 변덕스러운 주인공의 성격과 잘 어울린다. 초록색은 또한 다른 매우 중요한 측면을 대표한다고 볼 수 있다. 초록색은 오하라 가문의 고향인 아일랜드를 상징하는 색이다. 이 영화에서 가장 유명한 장면들은 이 색상을 강조한다. 오하라 가문 파티에서 착용한 스칼렛의 잘록한 허리의 드레스를 기억할 것이다. 그리고 레트 버틀러가 선물한 초록색 모자를 거꾸로 쓰는 장면도 기억할 것이다. 또한 벨벳 커튼으로 만든 유명한 초록색 드레스도 있다.

스칼렛 오하라의 팔레트에는 또한 다양한 빨간색이 있다. '스칼렛'이라는 이름에도 빨간색이 들어가 있다. 빨간색은 강렬하고 정열적인 장면을 조명하며 유혹의 색상이기도 하다. 애슐리의 생일 파티를 위해 입은 스칼렛의 진홍색 드레스를 어떻게 잊을 수 있을까? 영화 역사에서 가장 아름다운 드레스 중 하나다. 또한 파티에서 돌아올 때 말다툼 장면에서 착용한 아름다운 벨벳 가운 역시 빨간색이다. 물론 이 모든 빨간색은 주인공의 피부톤과 조화를 이루기 위해 일정 비율의 파란색이 포함된 차가운 빨간색의 변형이다.

또 다른 반복적인 색상은 파란색으로 이 역시 스칼렛 오하라의 팔레트를 잘 나타낸다. 가장 생동감 있는 색상에서부터 귀족적이고 심오한 색상까지 모두 찾아볼 수 있다. 애틀란타 집의 초상화에서도 스칼렛은 그녀의 팔레트에 맞는 색상으로 드레스를 입고 나타난다. 특히 아쿠아마린(aquamarine)은 기술적으로 워터 그린(water green)과 아이시 그린(icy green)의 중간색으로, 딸 보니가 태어난 지 일주일 후 유명한 침실 장면에서 주인공의 당당하고 빛나는 분위기를 완벽하게 표현해 준다.

강렬하고 활기찬 색상의 범위는 여기서 끝나지 않는다. 스칼렛이 레트와 신혼여행을 하는 동안 호화로운 저녁 식사를 하거나, 두 번째 남편의 가게에서 비즈니스 통찰력을 보여줄 때와 같이, 스칼렛이 특히 자극적이고 변덕스러워 보이는 장면에서 레몬 노란색이 빠지지 않는다.

색상 이론의 사계절 시스템에서 스칼렛은 밝은 겨울(winter bright) 범주에 속한다고 할 수 있다. 주인공의 힘은 이 팔레트 특유의 강렬한 색상과 벨벳과 같은 풍부하고 직관적인 직물들로 잘 표현되고 있다.

앞서 말했듯이 색상을 사용하여 부정적인 측면을 강조할 수도 있다. 피부에 적합하지 않은 따뜻하고 연한 색상들은 전쟁, 질병 또는 가난한 상황에서 사용된다. 스칼렛이 칙칙한 드레스를 입고 죽은 사람과 부상당한 사람들 사이를 걸어다니는 그 유명한 아틀랜타 역 장면을 기억해 보면 알 수 있다. 또한 같은 드레스를 입고 굶주림에 시달린 나머지 땅속의 뿌리를 캐 먹으며 다시는 궁핍해지지 않겠다고 맹세했던 장면도 있다.

멜라니아 해밀턴

스칼렛 오하라의 적수는 항상 차가운 색을 입지만, 올리비아 드 하빌랜드(Olivia de Havilland)의 경우 훨씬 더 섬세한 팔레트가 사용되어 더 차분하고 때로는 더 약하고 무력해 보이는 캐릭터를 표현했다.

멜라니아는 차가운 겨울(winter cool)형이라 강렬하고 대조적인 색상도 어울리지만, 캐릭터와 잘 어울리지 않을 수 있다. 그러나 그녀는 또한 겨울 팔레트의 덜 강렬한 색상을 잘 소화하기 때문에 문제가 발생하지 않는다.

애슐리 윌크스

온화하고 우울한 성격을 지닌, 스칼렛 오하라의 짝사랑 역인 애슐리는 밝은 갈색 톤으로 항상 따뜻한 가을 색상의 옷과 디테일을 착용하고 있다. 그의 아내 멜라니아처럼 애슐리는 매우 안정적이고 일관성이 있으며, 사실 그늘의 경우 참조 팔레트에 어긋나는 경우가 없다.

레트 버틀러

스칼렛의 진정한 사랑이자 잊지 못할 주인공 레트 역의 클라크 게이블(Clark Gable)은 강하고 열정적이다. 차갑고 강렬한 팔레트는 항상 깊은 색상으로 강조되는데, 무연탄 회색(다크 그레이)에서 검은색, 미드나잇 블루까지 모두 대비를 이루는 패턴으로 강조되며, 특히 넥타이에서 많이 볼 수 있다. 이러한 색상 대비는 두 가지 기능을 가지고 있다. 한편으로는 캐릭터를 강화하고, 다른 한편으로는 클라크 게이블의 피부, 눈, 머리카락의 대비를 반복하여 강조한다.

〈귀여운 여인〉의 경우

1990년 영화 〈귀여운 여인〉의 줄거리는 모두 잘 알고 있을 것이다. 우연한 만남이 주인공의 인생을 영원히 바꾸게 되는데, 주인공은 아름다운 줄리아 로버츠(Julia Roberts)다. 그러나 이 변화는 그녀의 감정적인 사연뿐만 아니라 그녀의 외모와 … 그녀의 색깔에도 영향을 끼친다.

영화 전반부에서는 비비안의 피부톤과 잘 어울리지 않는 차가운 색상을 사용하며, 가발의 애쉬 블론드와 메이크업의 블랙 그레이는 사실 정돈되지 않고 다소 저속한 느낌을 준다. 이후 캐릭터의 진화에 대해 살펴보겠다.

흰색 사용

흰색은 〈귀여운 여인〉에서 반복적으로 등장하는 색상으로, 재탄생의 상징이기도 하다. 에드워드와의 첫날 밤 이후 깨어난 모습으로 입은 흰색 가운과 화장기 없는 얼굴은 비비안이 정화되고 간소화된 모습을 보여준다. 여기서 흰색은 순수함과 단순함의 메시지를 강조한다. 변화 및 재탄생과 관련하여 그녀는 쇼핑을 하러 밖으로 나갈 때 업무용 미니드레스 위에 흰색 셔츠를 입는다. 몇 번의 쇼핑과 무제한의 신용카드로 비비안은 급변하게 되는데, 여기서 변신의 주인공은 바로 흰색(total white)이다.

검은색의 의미

비비안-줄리아의 색상은 확실히 따뜻하며, 그렇기 때문에 검은색과는 잘 어울리지 않는다. 따라서 검은색은 특정한 의미를 가진 몇몇 장면에서만 사용된다.

우리는 에드워드와 동행했던 우아한 비즈니스 만찬과 에스카르고(escargot, 식용 달팽이)를 날렸던 잊을 수 없는 장면에서 어색했던 비비안의 모습을 기억한다. 비비안의 스타일은 완벽하지만 그녀의 옷은 친절한 직원에 의해 제안되었으며, 아직 자신만의 확고한 스타일이 없었다. 헤어스타일 역시 그녀의 것이 아니었다. 변화가 아직 완전히 이루어지지 않은 것이다. 즉 블랙 드레스는 정말 멋지지만, 간단히 말해서 덜 위험한 선택처럼 보인다. 따라서 더 많은 변화가 필요했는데, 이는 이후의 장면에서 볼 수 있다.

검은색이 다시 나타난 것은 가장 슬프고 극적인 장면에서다. 물론 이별 장면도 그렇다. 검은색 재킷은 비비안에게 더 진지하고, 거의 처벌받는 이미지를 주며, 조금은 침울해 보이기도 한다. 검은색은 이 멋진 빨간 머리에게는 명확하게 팔레트를 벗어난 색상이므로 영화에서 가장 애잔한 순간을 강조한다.

따뜻한 색상

검은색에 대해 언급했으니, 이제 주인공의 색상 팔레트를 다뤄보자. 폴로 경기 때 입은 갈색 미니 원피스를 모두 기억할 것이다. 그리고 마침내 메이크업에도 같은 따뜻한 톤이 들어간다. 주인공의 스타일은 캐릭터와 함께 진화하고 있다. 또한 포인트로 사용된 물방울 무늬는 진주와 장갑, 모자와 어울려 로맨틱한 순간과 완벽하게 어울린다. 액세서리는 물론 아이보리색으로, 줄리아 로버츠의 가을 팔레트와 주인공과 관련된 변화의 상징과도 일관되게 잘 어울린다.

빨간색의 힘

빨간색처럼 강력하고 상징적인 색상은 별로 없다. 따뜻한 피부톤과 조합하면 그야말로 정점에 달한다. 빨간색이 영화의 클라이맥스에서 주인공으로 등장한다. 놓칠 수 없는 오페라의 밤에 입은 빨간색 드레스는 루비 목걸이와 립스틱과 함께 더욱 강력해진다. 이번에도 머리를 묶었지만, 첫 번째 날의 검은색 드레스와는 다르게 헤어스타일이 주인공의 개성과 더 일치한다. 우아하게 자연스럽고, 자연스럽게 우아하다.

오페라 관람을 위한 드레스와 함께, 마지막 장면 중 한 장면에서 입은 코럴 레드의 정장은 내가 선호하는 의상이다. 비비안의 변신은 이제 모든 관점에서 완성되었다. 그녀는 자신감 있고 의식이 있는 여성이며, 그녀의 외모가 그것을 증명한다. 우아하고 세련되었으며, 동시에 특유의 빛나는 매력도 잃지 않았다. 블러셔와 립스틱도 같은 톤으로 일치하여 그녀를 더욱 빛나게 한다.

색채 조화와 만화 영화: 디즈니 공주들의 경우

모두가 디즈니 공주들을 알고 있지만, 그들의 이미지가 오랜 색상 연구의 결과라는 사실은 잘 알려져 있지 않다. 디즈니 공주들도 색상 분석을 통해 만들어진 것이라고 할 수 있다.

백설공주: 겨울형

백설공주는 디즈니의 첫 번째 공주다. 백설공주의 최종 이미지를 만들기까지 몇 개월이 걸렸다고 한다. 얼굴은 베티 붑(Betty Boop)과 진저 로저스(Ginger Rogers)를 포함한 여러 캐릭터에서 영감을 받았다. 드레스의 색상은 강하고 대조적인데, 흰 피부와 흑발의 자연스러운 대비를 강조하기 위해 강한 기본적인 컬러, 즉 빨강, 노랑, 파랑을 함께 사용하였다. 백설공주의 팔레트는 겨울형에 해당하며, 색상이 차가우면서도 밝고 대조적이다. 이러한 특징을 가진 여성들을 설명하기 위해 현재에도 여전히 디즈니의 첫 번째 공주인 백설공주를 언급하고 있다.

신데렐라: 여름형

신데렐라는 외모, 성격, 그리고 색상에서 매우 섬세한 캐릭터다. 그녀는 다정하고 선량하기 때문에 이를 반영하여 부드럽고 연한 파스텔톤의 색상으로 표현된다. 드레스는 차분한 파란색 계통을 보여주는데, 고요함과 평온함을 떠올리게 한다.

그녀의 색상은 밝고 시원한 파스텔톤으로 여름형에 속한다. 이 밖에 신데랄라가 연한 금발을 가지고 있는 것도 우연이 아닌 것으로 보인다.

오로라: 봄형

오로라는 이름부터 새벽의 빛에서 영감을 받아 따스함과 햇빛을 불러일으키는 캐릭터다. 〈잠자는 숲속의 미녀〉라는 원작 동화는 긴 금발과 사파이어 블루 컬러의 눈으로 묘사되는데, 색채 조화 원칙에 따르면 따뜻하고 빛나는 색상들이다.

신데렐라보다 덜 차가운 느낌의 오로라는 황금색 골드 목걸이와 티아라를 착용한다. 따라서 참조 팔레트는 봄형으로 라이트(light) 하위 그룹에 속한다. 새벽이 하루의 시작이라면 봄은 자연 주기의 시작을 상징한다.

아리엘: 봄형

〈인어공주〉는 1989년에 만들어졌으며 디즈니의 재탄생을 의미하는 캐릭터다. 아리엘은 젊고 독립적이며 호기심이 많은 공주이기에 따뜻하고 생기 있는 색상으로 표현되는데, 머리카락은 빨간색, 눈동자는 초록색, 그리고 의상은 보라색이다.

이 경우에도 재탄생은 봄 팔레트로 표현되지만, 빨간색 머리카락으로 인해 아리엘은 따뜻한 하위 그룹에 속한다.

벨: 가을형

〈미녀와 야수〉에 나오는 벨의 얼굴을 만들기 위해 디자이너들은 오드리 햅번의 얼굴에서 영감을 받았다고 한다. 그러나 벨은 따뜻한 색상의 피부, 눈, 머리카락을 가지고 있다. 이러한 색상 선택은 그녀의 순진하고 몽상가적이며 독특한 성격을 반영하는데, 이것이 다른 디즈니 공주들의 파스텔톤 의상과 달리 노란색 의상을 선택한 이유다. 벨의 팔레트는 가을형에 해당한다.

재스민: 겨울형

재치 있고 관능적이며 독립적인 〈알라딘〉의 재스민은 확실히 디즈니 공주들 중에서 가장 활기찬 캐릭터다. 그녀의 색상 또한 강하고 깊다. 검은색 머리카락과 올리브색 피부는 초록색과 파란색 톤의 드레스로 강조된다. 색채 조화 원칙에 따르면 재스민은 겨울형이며 딥(deep) 하위 그룹에 속한다.

포카혼타스: 가을형

또 다른 자유로운 영혼이자 강한 성격을 가진 포카혼타스는 짧은 의상과 맨발로 그녀의 반항적인 성격을 강조한다. 재스민의 머리카락이 감청색에 가까운 반면, 포카혼타스의 머리카락은 오크 그린(녹색) 물감이 섞인 듯한 느낌을 준다. 두 디즈니 공주는 유사한 색상을 가지고 있으며 같은 딥(deep) 히위 그룹에 속하지만, 완전히 다른 팔레드를 가지고 있다. 재스민은 차갑고 깊은 톤의 겨울형에 속하지만, 포카혼타스는 따뜻하고 깊은 톤의 가을형에 속한다.

뮬란: 겨울형

다른 최근 디즈니 공주들과 마찬가지로 뮬란은 강인하고 용감하면서도 상냥하고 감성적인 캐릭터다. 전쟁 중에는 긴 머리를 포기하고 남자처럼 보이기 위해 머리를 자르며, 그녀의 전통 의상인 기모노는 강렬한 색상과 연한 색상이 혼합되어 있다. 뮬란의 색채 하위 그룹의 특징은 흰 피부와 검은색 머리카락 사이의 대비다. 이 경우 참조 팔레트는 겨울형이며 쿨(cool) 하위 그룹에 속한다.

엘사: 여름형

엘사는 기술적으로는 디즈니 공주에 속하지 않지만, 최근 몇 년 동안 가장 성공적인 애니메이션 캐릭터 중 하나라 할 수 있다. 〈겨울 왕국〉의 주인공 엘사는 스칸디나비아 출신으로 얼음을 만들어 내고 다루는 힘을 갖고 있다. 물론 그녀의 드레스 색상은 차가우면서도 파란색 톤으로 단색이며, 머리카락은 정확히 얼음 색이다. 차가운 엘사에게 할당된 색상은 선명하고 차가운 것이었다. 참조 팔레트는 여름형이며 쿨(cool) 하위 그룹에 속한다.

이제 여러분은 확신을 가지고 매혹적인 색채 조화의 세계로 들어갈 준비가 되었다.

2부

/

우리의 팔레트를
발견하다

프란체스카 이야기

프란체스카는 아들의 결혼식을 계기로 나에게 연락했다. 그녀는 뭔가 특별한 것을 찾고 있었고, 내가 그녀의 전체적인 스타일을 도와주기를 원했다. 첫 만남에서 프란체스카는 다음과 같이 이야기를 시작해 내 마음을 설레게 했다. "저는 혼자이고 누구에게 이렇게 중요한 행사에 대해 물어봐야 할지 모르겠어요. 전문적인 의견을 구하고 싶어요." 나는 우리가 확실히 잘 해낼 것이라고 그녀를 안심시켰고, 그녀가 필요로 하는 것과 평소 스타일을 더 잘 알기 위해 몇 가지 질문을 했다.

이런 자연스러운 접근에도 불구하고 프란체스카는 약하게 보이지 않는 강한 여성이 분명했고, 그녀의 이미지도 상당히 고집스러워 보였다. 남성적인 스타일의 정장을 입고, 액세서리를 적게 사용했으며, 근사하게 화장하고, 회색 머리카락에, 토털 블랙(total black) 스타일을 유지하고 있었다. 프란체스카는 나에게 끊임없이 그녀의 삶에 대해 들려줬다. 나는 그녀에게 정말로 필요한 과정이라는 것을 깨달았기 때문에 이야기를 한 번도 막지 않았다.

매우 엄격한 집안에서 태어나 '완벽'을 요구하는 어머니에게 양육된 그녀는 목표를 달성하기 위해 많은 꿈을 포기했고, 자기 자신에게 매우 엄격했다.

그녀는 소위 '좋은 배우자'와 결혼을 했고, 시 외곽에 아름다운 주택이 있으며, 전문가로 활동하는 아들도 있다. 그녀 자신도 남성이 우세한 환경에서 비즈니스 변호사로서 탁월한 경력을 쌓았다. 그녀는 "저는 오래전부터 검은색 옷만 입었어요, 이것이 신뢰를 주면서 과하지 않게 보이는 유일한 방법이기 때문이지요"리고 말했다.

그러나 최근 3년 동안 삶이 계획대로 되지 않았고, 프란체스카는 우리의 삶이 '할 일 목록(to do list)'처럼 항상 계획할 수는 없다는 사실을 인정해야 했다. 그녀의 결혼생활은 끝났고 외아들은 미국으로 이주했다. 프란체스카는 혼자 남았지만 매우 강한 여성이었기 때문에, 결혼식 의상에 대한 도움을 요청하는 것은 자신을 다시 찾아보기 위한 계기일 수도 있었다.

어쨌든 검은색 옷을 입고 예식에 갈 수는 없어 프란체스카는 이 장애물을 깨야만 했고, 나는 그녀가 느끼는 긴장감에 슬며시 흥이 나 있었다. 나는 결국 그녀가 자신에게 어울리는 색상을 사랑하게 될 것임을 알고 있었다. 누구나 자신을 돋보이게 할 색상을 만나면 결국 그 색상을 사랑하게 되지만, 한편으로는 분명히 걱정도 되었다.

의상 탐색을 시작하기 전에 프란체스카의 색상 팔레트를 정해야 했다. 우리는 화창한 아침을 선택했고 색채 조화 세션을 위한 창 앞에 앉았다. 프란체스카의 색상은 가을형으로, 따뜻하고 깊은 자연의 색과 같았다. 벽돌색(황토색), 머스터드색, 그리고 리프그린(감잎 녹색)과 같은 색상들이 잘 어울렸고, 그녀는 이전에 이런 사실을 인지하지 못한 것에 놀라워했다. 프란체스카는 검은색만 입으며 다른 색상을 시도할 생각도 하지 않았었고, 특히 일할 때 검은색이 모든 어려운 상황에서 자신을 보호할 유일한 '유니폼'으로 생각했다.

우리는 아들의 결혼식을 위한 매우 아름다운 청록색 드레스를 찾아냈고, 물론 미용 부분도 진행이 되었다. 검은색 아이펜슬은 브라운 아이섀도로 대신했고, 회색 머리카락은 자연스러운 따뜻한 밤색으로 커버되었다. 프란체스카는 정말로 다시 태어났다. 그녀의 눈이 반짝였으며, 나는 미용실에서 눈물까지는 아니지만 감동 어린 그녀의 시선을 읽을 수 있었다.

결혼식 이후 몇 주 동안 프란체스카는 그 드레스를 옷장에 소중히 간직하고 있었고, 크리스마스 선물을 기다리는 어린아이처럼 그 옷을 입고 싶어 참을 수가 없었다. 물론 이미 변화는 이루어졌고 첫 칭찬이 쏟아졌지만, '유니폼'은 검은색 그대로 남아 있었다.

결혼식 다음날 프란체스카가 내게 전화를 했다. "로셀라, 이제 옷장 전체를 보완하고 싶어요!" 내가 "확실해요?"라고 물어보자 그녀는 "그래요, 기대돼요!"라고 대답했다. 아마도 최근 몇 주 동안 일어난 변화나 처음으로 색깔이 입혀진 자신을 보았기 때문일 수도 있다. 아니면 아들의 결혼, 이혼 절차 완료, 그리고 무엇보다 직장에서의 역할의 변화 때문이었지도 모른다.

현재 프란체스카는 법률 사무소의 대표다. "이제 나는 아무것도 보여줘야 할 것이 없어요. 나는 정상에 있고 아무도 내 일에 의문을 가질 수 없답니다." 프란체스카는 계속해서 슈트를 입었지만, 색상은 더 다양하고 극도로 세련된 슈트다. 담배색, 가지색, 와인색, 숲색 등을 선택했고, 새로운 카멜색 코트도 빼놓을 수 없다.

중요한 것은 프란체스카 스스로 자신을 더 이상 비난하지 않게 되었다는 것이다. 그녀는 무엇이 적절하고 무엇이 그렇지 않은지 끊임없이 말하던 내면의 목소리에 더 이상 귀를 기울이지 않기로 했다. 색깔 있는 옷을 입는 것은 우아하지 못하다고 말하던 바로 그 목소리를 말이다. 우아한 색상이나 저속한 색상은 존재하지 않는다. 색상은 그것을 입는 사람과 조화를 이루는 한 우아하다.

프란체스카는 소녀 시절부터 발레리나를 꿈꿨기에 탱고 수업에 등록했다. 그녀는 모험적인 여행을 시작했고, 이전에는 시간과 용기가 없어 하지 못했던 모든 것을 즐기고 있다. 다양한 컬러로 살기에 너무 늦은 때는 없다!

색채 분석의 첫 단계

퍼스널 컬러의 특징

색채 조화는 흔히 잘못 생각하는 것처럼 단지 언더톤(색조)만의 문제가 아니다. 색채 조화는 훨씬 더 복잡한 분석으로, 다음 네 가지 변수를 고려하여 해석해야 한다.

앞서 언급했듯이 우리가 색채 분석에서 고려하는 퍼스널 컬러의 특징은 다음과 같다.

- **언더톤**: 온도라고도 하며, 따뜻한 것과 차가운 것으로 나눌 수 있다.
- **값**: 톤이라고도 하며, 밝거나 어둡거나 중간일 수 있다.
- **대비**: 피부-눈동자-머리카락 색의 대비를 말한다.
- **강도**: 선명도를 말하며, 강하거나 약할 수 있다.

앞으로 이 각각의 카테고리를 심도 있게 다루겠지만, 먼저 수학적 용어로 표현하자면 이러한 요소들은 독립적인 변수라고 할 수 있다. 수학 함수에서 변수는 서로 관련이 있는 경우에 한해 종속 변수로 간주되며, 관련이 없는 경우 변수들은 독립적인 것으로 간주된다. 색채 조화 분석에서 변수는 서로 영향을 미치지 않으므로 언더톤, 값, 대비 및 강도는 상호 영향을 주지 않는다.

향수 가게에 들어가면 판매원은 우리에게 "당신은 머리카락 색이 어둡기 때문에 따뜻한 색상을 가지고 있네요" 또는 "당신은 머리카락 색이 밝기 때문에 차가운 색상을 가지고 있네요"라고 말한다. 이것이 자주 볼 수 있는 오해 중 하나다. 문제는 바로 '때문에'라는 말에 있다. 어둡다는 것이 반드시 따뜻한 색을 가졌음을 의미하지 않으며, 마찬가지로 밝다는 것이 반드시 차가운 색을 가지고 있음을 의미하지 않는다. 밝고 어두움을 정의하는 값과 따뜻함과 차가움을 구별하는 언더톤은 2개의 독립적인 변수다.

계절과 하위 그룹으로 알려진 다양한 범주를 결정하는 언더톤, 값, 대비 및 강도의 다양한 조합들이 있다. 그렇지 않으면 우리는 간단히 머리카락이 짙은 갈색, 금발, 빨간색, 갈색인 사람들로 세상을 나누고 이 주제를 몇 페이지 안에서 결론지을 수 있을 것이다. 하지만 우리는 비슷해 보이는 두 사람 사이에 얼마나 많은 차이가 있는지 잘 알고 있다. 우리는 모두 똑같지 않으며, 모든 사람에게 같은 색상, 같은 립스틱 또는 같은 머리카락 색이 잘 어울리는 것은 아니다.

색채 분석 준비

자신의 색상 특징을 분석하기 위해서는 자연 상태, 즉 화장을 지운 상태 및 햇볕에 그을리지 않은 상태에서 피부를 관찰하는 것을 추천한다. 가능하다면 몇 시간 전에 화장을 지워서 마찰로 인한 홍조나 메이크업 잔여물이 생기지 않도록 한다.

화장이 지워진 피부에서 색상을 시험해 보면 우리 팔레트의 매끄러움과 빛을 더 잘 이해할 수 있다. 반대로 그림자, 색소침착, 주름 및 작은 피부 결함을 강조하는 적절하지 않은 색상의 치명적인 효과도 알 수 있다.

태닝의 경우 대부분의 전문 컨설턴트에게는 문제가 되지 않지만, 초보자라면 확실히 속일 수 있고 실제 색상적인 특징을 인식하기가 어려울 수 있다. 이상적인 것은 자연 상태로 태양의 영향 없이 피부가 어떻게 보이는지 평가하는 것이다. 따라서 가능하다면 분석을 겨울철이나 햇빛에 노출되지 않은 시기로 미루는 것이 좋다. 자외선 차단제의 경우 인공 태닝의 영향을 제거하기 위해 색채 분석을 하기 최소한 달 전에는 사용을 중단해야 한다.

물론 눈도 메이크업을 하지 않은 상태일 뿐만 아니라, 무엇보다 대비와 강도(선명도)에 영향을 줄 수 있는 컬러 렌즈를 착용하지 않아야 한다. 평소 안경을 쓴다면 얼굴의 중요한 부분을 가리고 빛을 가릴 수 있기 때문에 안경을 벗는 것이 좋다. 안경은 그림자를 만들고 눈 부위를 가리며, 특히 또 다른 색상이 될 수 있다.

귀걸이도 작든 크든 안경과 마찬가지로 분석 과정에서 영향을 줄 수 있는데, 특히 언더톤 결정에 영향을 미칠 수 있다.

마지막으로 중요한 점은, 머리카락을 흰색 천으로 덮어서 특정 색상의 영향을 받지 않도록 하는 것이다. 특히 인공적인 염색을 한 경우에는 더욱 필요하다. 머리카락이 자연스러운 색상이라 할지라도 역시 덮는 것을 추천한다. 그렇게 하면 다시 한번 평가하여 머리카락 색을 어둡게 할지, 밝게 할지, 또는 톤을 강조할지 결정할 수 있다.

자신을 둘러싸고 있는 주변의 색을 완전히 차단하기 위해 목부터 아래쪽으로 흰색 천으로 몸을 덮는 것도 추천한다. 이렇게 머리와 가슴을 모두 덮으면 피부색과 눈의 혼합을 분석할 수 있다.

색채 분석 방법: 환경 준비와 드레이프 사용

먼저 간단하지만 신뢰할 수 있는 환경을 준비한다. 가장 중요한 것은 조명이다. 자연광이 가장 이상적이지만 햇빛 아래에 있을 필요는 없으며, 오히려 그림자 때문에 도움이 되지 않는다. 밝은 방, 특히 창 앞에서 준비하는 것이 좋다.

아침에 분석을 진행하는 것을 권장하지만, 시간에 제약이 있거나 밝은 공간이 없다면 인공조명을 사용할 수도 있다. 그러나 인공조명은 색상을 변화시킬 수 있으므로 주의해야 한다. 예를 들어 일반 전구는 노란빛을 내며 공간과 얼굴을 따뜻하게 만들어 주는 반면, 형광등(블루라이트 등)은 차가운 느낌을 준다. 인공조명을 사용할 경우 자연광과 비슷한 흰색 빛을 내는 조명을 구입해야 한다.

색채 분석을 정확하고 철저하게 수행하는 데 필수적인 도구는 색상이 입혀진 드레이프다. 드레이프는 직접 구매하거나 재봉용 천으로 만들어 사용할 수 있다. 드레이프는 피부의 언더톤, 강도, 피부-눈-머리카락의 대비, 속하는 계절 및 하위 그룹을 확인하는 데 도움이 된다. 따라서 딸기색, 푸크시아색(선명한 핑크색), 파우더 핑크(연한 핑크색), 코럴색(따뜻한 주황색과 분홍색의 혼합), 오렌지색(밝은 주황색), 살구색(연한 주황색), 은색, 금색, 옵티컬 화이트(매우 밝은 흰색), 크림색(또는 버터색), 에메랄드 그린(밝은 녹색), 세이지 그린(연한 녹색), 민트색, 올리브색과 같은 색상의 드레이프가 필요하다.

또한 대비를 확인하기 위해 흰색과 검은색 줄무늬 드레이프 두 장이 필요하다. 한 장은 약 1cm 두께의 줄무늬이고, 다른 한 장은 매우 얇은 줄무늬 또는 흰색과 회색 줄무늬가 될 수 있다. 크기는 어깨와 상체 상단을 덮을 수 있는 정도면 충분하다. 광택 있는 원단은 피하는 것이 좋은데, 빛이 반사되어 결과를 왜곡할 수 있기 때문이다.

또 다른 필수 도구는 거울로, 얼굴과 몸통 윗부분을 비출 수 있을 정도로 크기가 충분히 커야 한다. 환경이 조성되었다면 준비는 끝났다. 다양한 색상의 드레이프를 두르고 분석을 시작한다. 드레이프를 사용할 때에는 정확한 순서를 따라야 한다. '언더톤'을 분석하는 것에서 시작하여 '강도'로 넘어가고, 이어 '대비'를 살펴본다. 이 세 가지 특징과 함께 '값(톤)'에 대해서는 3장에서 다룰 것이다. 지금은 각각의 특성을 분석하기 위해 어떤 드레이프를 사용해야 하는지 이해하기만

하면 된다.

언너톤을 강화하기 위해 우리는 빨간색을 사용한다. 이 강도에서 드레이프들을 차가운 버전(딸기색, 푸크시아색, 파우더 핑크)과 따뜻한 버전(코럴색, 오렌지색, 살구색)으로 준비하고 비교한다. 이 6개의 드레이프만으로 충분하지 않으면 금색/은색으로 짠 직물(차가운 버전은 은색, 따뜻한 버전은 금색) 또는 흰색 직물(차가운 버전은 옵티컬 화이트, 따뜻한 버전은 크림색) 같은 원단을 사용할 수도 있다.

강도 분석은 대신 녹색을 사용한다. 강한 색상은 에메랄드 그린, 연한 색상은 세이지 그린으로 판단한다. 이 두 가지 녹색은 차가운 톤이지만 처음 평가했을 때 결과가 따뜻한 톤이라면 강한 색상은 민트 그린으로, 연한 색상은 올리브 그린으로 대체할 수 있다. 원리는 같으며, 이 경우 밝기 수준을 평가하기 때문이다.

피부-눈-머리카락 대비를 평가하기 위해 나는 비교적 간단한 방법을 고안했다. 스트라이프 원단을 사용하여 클래식한 흑백 스트라이프(높은 대비)와 얇은 물결 모양 스트라이프, 또는 흰색과 회색 스트라이프(낮은 대비)를 비교할 수 있다.

또한 스트라이프 원단을 활용한 다소 즉각적인 방법을 고안했다. 그러므로 여러분은 흰색과 검은색(고대비)의 클래식 스트라이프와 얇은 물결 모양의 직물이나 흰색과 회색(저대비) 스트라이프와 비교할 수 있다.

반면 값(톤)은 더 직관적이며 드레이프가 필요하지 않다. 이에 대해서는 3장에서 측정 방법을 자세히 설명하겠다.

이제 색채 분석에 들어갈 준비가 되었다. 얼굴 아래에 드레이프를 번갈아 놓을 때 개인적인 취향은 무시해야 한다. 다시 말해 가장 좋아하는 드레이프를 선택하는 것이 아니라, 가장 잘 어울리는 드레이프를 선택해야 한다. 불행히도 이 두 가지는 항상 일치하지는 않는다.

또한 드레이프가 아니라 피부에 집중해야 한다. 드레이프 아래의 색상에 따라 얼굴이 어떻게 변하는지 확인한다. 색상이 얼굴에 미치는 효과를 객관적으로 판단하기 위해 친구 한 명 이상을 초대하여 객관적인 의견을 얻으면 더욱 좋다.

이렇게 하면 결점을 완화하여 피부를 밝게 하고 눈을 더욱 밝고 생기 있고 해주는 색상을 결정할 수 있다. 실제로 그 색상은 더 환한 미소와 편안한 외모를 만들 뿐만 아니라, 더 건강하고 젊고 밝아지게 만든다.

반면 그 반대되는 색은 안색을 어둡게 하고, 색소침착이나 다크서클, 잔주름을 강조하며, 얼굴에 그림자를 만들어 시선을 흐리게 한다. 결과적으로 톤을 떨어뜨리고 슬프거나 아파 보이는 이미지로 나타난다.

언더톤과 오버톤

따뜻한 색과 차가운 색

메이크업과 헤어스타일, 그리고 의상과 액세서리를 이용해서 우리를 가치 있게 표현하는 법을 배우려면 기본적으로 언더톤, 즉 자신의 피부색이 따뜻한지 아니면 차가운 알아야 한다. 색상은 따뜻한 색과 차가운 색으로 나뉘며, 우리를 둘러싸고 있는 다른 모든 것들과 마찬가지로 기본 색상을 가지고 있는 우리 피부도 예외가 아니다. 먼저 따뜻한 색과 차가운 색의 일반적인 정의에서부터 시작해 보자.

따뜻한 색은 내부에 일정 부분 노란색이 있는 색상을 의미한다. 더 연상되는 용어로 표현하면 '태양의 톤'이라고 할 수 있다. 심리적·감정적으로는 자극적이고 지배적인 색상으로 인식된다. 따뜻한 색은 시각적으로 형태를 더 크고 가까이 나타나게 하면서 앞으로 나아가는 것처럼 보인다.

반대로 차가운 색은 내부에 일정 부분 파란색이 있는 색상을 의미한다. 황금빛이 전혀 없어서 은빛으로 변하는데, 따라서 이러한 색상을 '달의 톤'이라고 한다. 심리적으로는 평온함, 평화를 느끼게 하며, 시각적으로는 뒤로 움직이는 것처럼 보여져 형태를 더 작고 멀리 느끼게 한다.

일단 피부의 언더톤이 구분되었다면 반복의 원칙을 통해 자신에게 적합한 색상을 선택할 수 있다. 차가운 언더톤을 가졌다면 차가운 색을 선택하면 되고, 따뜻한 언더톤을 가졌다면 따뜻한 색을 선택하면 된다.

적합한 색상을 찾는 것은 어렵지 않다. 자신과 같은 특징을 가진 색상을 선택하면 된다. 하지만 자신의 색상 특징을 이해하는 것이 어려울 수 있다. 이러한 특징 중에서도 피부의 색조가 가장 어렵게 결정된다. 색조를 결정하기 위한 분석은 피부, 눈, 머리카락의 색상을 관찰하는 것에 기반한다. 하지만 앞서 언급했듯이 그중에서도 피부가 가장 중요하다. 즉 눈과 머리카락은 차가운 색조인지 따뜻한 색조인지에 대한 유용한 단서가 될 수 있지만, 결국 피부가 결정적인 증거라는 것이다.

이것은 우리의 색조가 특정 방향으로 이뤄진다는 것을 의미한다. 눈, 피부, 머리카락은 각각 특정 온도의 특징을 갖고 있을 수 있다. 예를 들어 황금빛이 조금 묻어 있는 눈과 차가운 피부를 갖고 있는 사람이 있을 수 있다. 이러한 경우 눈과 피부가 서로 다른 것을 나타낼 수 있지만, 피부가 결정적인 역할을 하므로 주로 차가운 색조로 간주된다.

계속해서 자신의 언더톤을 발견하기 위해 수집할 수 있는 모든 단서들을 나열해 보겠다. 각각은 단서일 뿐이므로 개별적으로는 결론을 내릴 수 없다. 그러나 누군가 말했듯이 세 가지 단서가 그것을 증명한다.

따뜻한 색을 가진 사람의 특징

먼저 얼굴 피부를 관찰함으로써 색상의 기본 톤(언더톤)을 파악해 보자. 따뜻한 색을 가진 사람들은 황금빛 피부를 보이며 햇볕에 쉽게 탄다. 따뜻하지만 어두운 색조를 가진 사람들은 태양 아래서도 연중 약간 황금빛을 띠며, 햇볕에 노출되더라도 화상을 입지는 않지만 많이 타게 된다. 반면 따뜻하지만 밝은 색조를 가진 사람들은 아이보리색 기반의 피부이지만 너무 창백하거나 피곤해 보이지는 않는다. 겨울에는 상당히 연한 베이지 빛이 되며, 햇볕에 처음 노출되었을 때 쉽게 색이 변하고 황금빛을 띤다.

일반적으로 이러한 피부는 햇볕을 쬐든 스트레스를 받든, 또는 부끄러움으로 인한 것이든 홍조가 적다. 그런 점에서 귀의 색상도 관찰하면 매우 유용하다. 따뜻한 색을 가진 사람의 귀는 복숭아색에서 더 짙은 황토색까지 노란빛이 도는 색상을 보이는 반면, 차가운 색을 가진 사람의 전형적인 특징인 빨간색은 절대 보이지 않는다. 또한 입술과 잇몸의 색상은 핑크빛이며 보랏빛으로 기울지 않는다.

최근에 치과의사와 컬러리스트들과 대화를 하면서 따뜻한 색을 가진 사람들의 피부에서 볼 수 있는 옅은 황색 요소가 치아 법랑질과 동등함을 발견했는데, 이러한 사람의 피부와 치아는 노랗게 변하는 경향이 있다. 반대로 차가운 색을 가진 사람의 치아는 시간이 흐르면서 회색이 되는 경향이 있다. 입술도 헤이즐넛 색이 많다.

지금까지 색상 결정에서 가장 중요한 역할을 하는 피부에 대해 알아보았다. 이제 눈과 머리카락을 분석해 보자. 이들 역시 확실한 증거가 아니라 하나의 단서일 뿐임을 기억하자.

눈에 대해 이야기할 때 단순히 밝은색 눈과 어두운색 눈으로 나눌수 없는데, 이는 따뜻하거나 차가운 언더톤에 따라 다양할 것이기 때문이다. 어두운색 눈을 보면 따뜻한 색의 홍채는 헤이즐넛, 덤불색 또는 약간 녹색을 띨 수 있다. 반대로 밝은색 눈을 보면 홍채는 녹색에서 아쿠아마린, 파란색에 이르기까지 다양하며, 특히 황금빛이 보일수 있다.

특별한 경우로 갈색 눈이 있다. 영어로는 헤이즐넛 색이라고 하며, 동유럽 국가들과 러시아에서 특히 많이 볼 수 있다. 황금빛의 아름다운 색상으로 나는 이를 '호랑이 눈'이라고 부르는데, 실제로 고양이과 동물의 눈이 떠오르기 때문이다.

마지막으로 머리카락으로 넘어가 보자. 머리카락은 금발이거나 매우 어두울 수 있지만, 따뜻한 색조라면 절대로 새까맣지는 않다. 갈색인 경우라도 햇빛에 노출되면 항상 황금빛 또는 약간 붉은빛이 들어간다. 특히 염색이나 탈색한 경우 차가운 색조의 붉은 보랏빛을 버리지 못한다. 머리카락 색이 밝은 경우에는 노란색에서 황금빛, 주황빛까지 다양한 색조를 띠게 된다.

일반적으로 따뜻한 색조를 가진 사람들은 나이 들어도 늦게 흰머 빨간색 머리카락은 매우 드문 특징으로, 《내셔널 지오그래픽》지가 몇 년 전 빨간색 머리카락이 소멸될 거라고 예측했을 정도로 전 세계 인구 중에서 매우 낮은 비율로 발견된다. 이렇게 빨간색 머리카락을 가진 사람들을 가리키는 용어는 루틸리즘(Rutilism)이며, 가장 많이 보이는 지역은 북유럽 국가로 특히 스코틀랜드에서 10% 정도가 빨간색 머리카락을 가지고 있다.

이들은 쉽게 그을리는 민감한 피부를 가졌지만, 색상 분석에서는 항상 따뜻한 언더톤이라고 간주된다. 황금색과 오렌지색 성분이 너무 강하기 때문이다. 이 경우 예외적으로 머리카락이 피부보다 우선하여 색조를 결정한다. 루틸리즘은 열성 유전이지만, 머리카락이 빨간색이 아닌 사람들도 해당 유전자를 가질 수 있다. 따라서 가족 중에 빨간색 머리카락을 가진 사람이 있는지 알아보는 것이 좋다.

역사적으로 빨간색 머리카락은 예술가와 화가들에게 사랑을 받아 왔는데, 산드로 보티첼리(Sandro Botticelli)와 티치아노 베첼리오(Tiziano Vecellio) 같은 화가들에게도 인기가 있었다. 엘리자베스 1세 여왕 시대에 빨간색 머리카락이 매우 유행이었지만, 중세 시대에는 잔인함, 나쁜 성격 및 성적 타락의 상징으로 오랫동안 차별받아 왔다.

오늘날에도 빨간색 염색은 여전히 모든 사람에게 어울리는 것은 아니다. 빨간색 머리카락을 갖기 위해서는 따뜻한 색조를 갖는 것이 필요하지만, 반대로 피부의 색조를 따뜻하게 만들려고 머리카락을 물들이는 것은 오히려 피부의 색조와 어울리지 않는 강한 색상 대비를 초래할 수 있다.

리가 생기며, 이는 큰 행운이다. 반면에 머리카락 색이 황백색이 되어 염색하거나 자르는 것을 더 선호할 수 있다.

따뜻한 색을 가진 사람들에게는 어떤 색상이 잘 어울릴까? 모든 따뜻한 색조가 잘 어울린다. 베이지색, 갈색, 연어색, 벽돌색, 오렌지색, 코럴색 등 따뜻한 색상들과 노란색과 황금빛이 들어간 녹색이 포함된다. 반면 검정, 회색, 파랑과 같은 색상은 적합하지 않다.

차가운 색을 가진 사람의 특징

차가운 색을 가진 사람은 달빛과 같은 피부를 가지고 있은데, 밝은 피부냐 어두운 피부냐에 따라 매우 다양하다. 언더톤(따뜻한-차가운)과 값(밝은-어두운)은 서로 독립적인 변수이기 때문에, 밝은 피부든 어두운 피부든 이 특성을 갖게 된다.

차가운 색을 가진 사람들 중에서 밝은색 피부를 가진 사람은 도자기나 우윳빛, 또는 불그스름한 피부이며, 태양에 노출되면 쉽게 화상을 입고 햇볕에 잘 타지 않는다. 그리고 땀을 흘리거나 갑자기 온도가 떨어졌을 때, 이 외에 부끄러움 등 사소한 일에도 얼굴이 붉어지는 경향이 있다.

반면 차가운 색을 가진 사람들 중에서 어두운 피부를 가진 사람은 전형적으로 올리브색을 띠는데, 겨울에는 녹색/회색을 띠고 여름에는 태닝이 잘 된다. 태양에 노출되면 황금색이 되는 따뜻한 언더톤과 달리 차가운 언더톤은 벽돌색 특유의 핏기를 유지하면서도 고운 색조의 피부를 보여준다. 추운 날씨에는 코끝과 손목뼈의 색이 쉽게 붉어지고, 감기에 걸리면 콧구멍이 보라색이 된다.

이제 귀, 손톱 끝, 입술, 그리고 다른 점막을 관찰해 보자. 여기서도 보라색을 띠고 있는 분홍색을 볼 수 있다. 잇몸은 연한 분홍색, 보라색, 또는 감초색처럼 매우 어두울 수 있는 반면, 치아 법랑질은 시간이 지남에 따라 노란색이 아닌 회색이 되는 경향이 있다.

피부가 검은색이면서 차가운 톤을 가진 사람은 중간 또는 어두운 색조일 수 있지만, 다크 초콜릿에서 흑단(에보니)에 이르는 다양한 색조가 특징이다. 때로는 피부가 푸르스름하게 보일 수도 있다.

차가운 색을 가진 사람의 경우에도 따뜻한 색과 마찬가지로 밝은 눈에서 어두운 눈까지 다양한 눈 색깔을 발견할 수 있다. 눈 색깔이 어둡다면 매우 진한 색상이거나 약간 자주색 빛이 날 수 있고, 눈 색깔이 밝다면 청색, 녹색 또는 회색이 될 수 있다. 또한 시베리안 허스키의 눈을 떠올리게 하는 안에 흰 반점이 있는 얼음 눈이 있는데, 이 경우 홍채의 멜라닌 농도가 너무 낮아 빛이 망막에 들어오고 나가면서 마법과 같은 투명한 효과를 준다.

또한 차가운 색을 가진 사람의 눈의 특징 중 하나는 아주 흰 공막이다. 어두운색 눈동자와 결합될 경우 매우 강렬한 눈빛을 연출하고, 밝은색 눈동자와 결합될 경우 눈을 더욱 청명하게 만든다. 매우 흰 공막은 아름다운 특징이지만, 종종 과소평가되거나 심지어 잘 알려지지 않았다. 이것이 특별한 이유는, 먼저 눈의 대비를 증가시켜 눈빛을 더 강렬하게 만들고, 또 어린아이의 특유한 특성이기 때문에 눈을 더 어리게 보이게 하기 때문이다. 따라서 그래픽 프로그램을 사용하여 사진을 보정할 때 가장 먼저 눈의 공막을 희게 만드는 작업을 한다.

마지막으로 마리카락에 대해 알아보자. 어두운색의 머리카락은 회갈색에서 칠흑 같은 검은색에 이르기까지 다양한 색조를 가지지만, 빨간색을 띠지는 않는다. 그러나 염색이나 탈색을 했다면 인공적인 색상이 사라지면 보기 흉한 레드 바이올렛 컬러가 남는 경우가 있다. 유일한 해결책은 안티레드 샴푸를 사용하거나 머리카락이 자라기를 기다리는 것이다. 반면 밝은색 머리카락은 노르웨이 블론드에서 다크 블론드까지 다양하지만 항상 회색에 기초하고 있다. 영어로 마우시(mousy)라고 불리며 약간 회색빛이 도는 중간색 또한 차가운 색으로 간주한다. 이와 유사한 색상은 따뜻한 언더톤에서의 황금빛 갈색이다.

보통 차가운 색을 가진 사람은 비교적 젊은 나이에 백발이 되는데, 이것은 약간 성가신 일이지만 아름다운 특징이기도 하다. 머리카락이 흰색으로 변할 때 달빛과 같은 색조를 띠기 때문이며, 노란 빛깔이 아니라는 점에서 더욱 아름답다. 또한 백발이든 우아한 희끗희끗

흥미로운 사실

차가운 색을 가진 사람들은 이탈리아 및 지중해 지역 인구 내에서도 따뜻한 색을 가진 사람들보다 더 많은 비중을 차지한다. 왜 그럴까? '지중해 지역 사람들의 피부가 어두운데 모두 따뜻한 색이 아니라고?'라고 의문을 가질 수 있다. 하지만 사실은 여러분의 생각과 다르다. 어둡다는 것이 꼭 따뜻하다는 의미는 아니며, 밝다는 것 또한 반드시 차갑다는 의미는 아님을 항상 기억하라.

한 머리카락이든 매우 잘 소화해 내기도 한다.

차가운 색을 가진 사람에게 어울리는 색상은 무엇일까? 모든 차가운 색조들, 즉 베이비 블루에서 미드나잇 블루까지, 보라색 및 모든 베리톤의 색조, 또 소나무 녹색에서 에메랄드 그린까지 어두운 녹색 색조가 잘 어울린다. 즉 일정 부분 청색을 함유하고 있거나 회색에서 검은색까지의 범위가 모두 잘 어울린다. 반면 베이지색에서 오렌지색까지의 색상은 적합하지 않다.

중성적인 색조가 존재할까?

색채 조화에서 중성적인 색조는 존재하지 않는다. 따뜻한 또는 차가운 색조를 가진 사람들이 있으며, 해석이 어려운 색조를 가진 사람들도 있다. 그러나 우리 모두는 약간의 차가운 또는 따뜻한 색조를 가지고 있다. 숙련된 컨설턴트는 항상 고객의 색조를 파악할 수 있으며, 그 결과는 결코 '중성적'이지 않다. 누군가가 중성적인 색조를 가지고 있다고 하는 것은 그 사람의 피부의 색조 잠재력을 파악하지 못한다는 것을 의미한다.

'중성'에 대한 이러한 오해는 1980년대에 피부 색조를 결정하는 데 사용하던 오래된 방법에서 비롯되었다. 바로 정맥 관찰법이다. 실제로 팔뚝의 정맥을 관찰해야 하는데, 정맥이 녹색으로 보이면 따뜻한 색조를 가진 사람으로, 푸르스름한 색이면 차가운 색조를 가진 사람으로 본다. 그러나 이 방법은 정맥이 잘 보이지 않는 사람도 있어 실제로 사용하기 어렵고, 해석이 어려운 색채를 보여줄 경우 어떤 사람들은 중성적인 색조라고 주장하기도 한다. 그러나 그렇지 않다. 나는 개인적으로 신뢰가 가지 않고 혼동을 줄 수 있어 이 방법을 좋아하지 않는다. 정맥을 관찰할 때도 있지만, 그것은 눈에 띄는 디테일이 있을 때에만 해당된다. 즉 차가운 색조의 사람은 이마에 살짝 청록색의 정맥이 보이거나 눈꺼풀에 분홍색 혈관이 보일 수 있다. 반면 따뜻한 색조의 사람은 손등에 녹색 정맥이 보이거나 가슴에 가지런한 녹색 정맥이 보일 수 있다. 이와 같이 정맥이 뚜렷하다면 참고 사항에 포함되지만, 그것이 확실한 증거는 아니다.

잘못된 선택을 할 수 있는 또 다른 경우는 얼굴과 몸이 다른 색조를 가질 수 있다는 것이다. 얼굴 피부가 차가운 색조이고 올리브색으로 보이지만, 몸은 보다 더 황금빛을 띠는 경우가 있을 수 있다. 두려워할 필요는 없다. 얼굴이 몸보다 차갑거나 덜 따뜻할 수 있다. 그러나 색채 분석에서는 얼굴색이 더 중요하다. 색조를 사용하여 눈동자를 빛나게 하고 다크서클을 완화시키기 때문에 팔의 피부를 강조하는 것은 덜 중요하다.

종종 우리는 '중성적'인 요소에 대해 언급하는데, 여기서는 베이지, 검정, 파랑을 가리킨다. 이 경우 '중성적'이라는 정의는 이 색상들이 옷장이나 캡슐 옷장(capsule wardrobe)(뒤에서 자세히 살펴보겠다)의 기초를 이룬다는 사실을 나타낸다. 하지만 이러한 색상들도 다른 색상과 마찬가지로 따뜻하거나 차가운 특성을 가지고 있으므로 '중성적'이라는 용어에 혼동되면 안 된다.

'중성'의 개념은 메이크업에서도 볼 수 있으며, 특히 파운데이션을 말할 때 널리 사용된다. 실제로 황금빛 톤, 분홍빛 톤, 그리고 소위 중성적이라고 불리는 다른 톤들이 존재한다.

오버톤과 파운데이션 선택

언더톤은 우리가 따뜻한 색조를 가졌는지 또는 차가운 색조를 가졌는지 결정하며, 헤모글로빈이나 카로틴과 같은 일련의 화학적 요인에 의해 결정된다. 반면 오버톤은 우리 피부의 가장 표면적인 층으로 언더톤과 다른 색조를 가질 수 있다. 좀 더 자세히 살펴보자.

오버톤은 옅은 노란색을 띠지만 언더톤은 차가운 색조일 수 있다. 피부의 이러한 노란 색조는 호르몬, 영양 또는 흡연에 의해 밖으로 표출될 수 있으며, 이 둘 중에서 항상 언더톤이 우선한다. 즉 옅은 노란색 오버톤에도 불구하고 이 사람은 여전히 따뜻한 색조가 아니라 차가운 색조로 돋보이게 된다.

오버톤은 우리를 혼란스럽게 할 수 있다. 예를 들어 앞에서 따뜻한 색과 차가운 색의 특징에 관한 내용을 보면서 혼란스러워질 수 있다. 그렇다면 우리는 어떻게 오버톤과 혼동하지 않으면서 언더톤을 판별할 수 있을까? 간단하다. 실증적 방법으로 해결할 수 있다.

차가운 언더톤과 노란색 오버톤을 가진 사람의 예로 돌아와서, 금색과 은색 두 가지 드레이프를 얼굴에 가까이 대보기만 하면 된다. 분명히 금색에 비해 은색이 더 잘 어울릴 것이다. 만일 이 실험이 충분하지 않다면 빨간색 드레이프(또는 립스틱)로 진행할 수 있다. 차가운 언더톤을 가진 사람은 분명히 오렌지색보다는 분홍색이 도는 색조가 더 잘 어울릴 것이다. 오버톤은 처음에는 혼란스러울 수 있지만 이 방법을 통해 쉽게 밝혀낼 수 있다.

색소침착(주근깨)

색소침착에 대해 이야기할 때 오버톤은 피부의 가장 표면적인 층과 관련되어 있기 때문에 매우 유용하다. 주근깨, 즉 렌티지니(lentiggini, 영어로는 freckle)는 루틸리즘(Rutilism, 빨간색 머리카락)만의 특징은 아니며, 금발이나 피부가 검은 사람들에게도 나타난다. 이는 얼굴이나 신체의 일부 영역에 멜라닌이 과다 축적되는 것으로, 호르몬적인 이유로 나타날 수 있으며 태양에 노출되는 것에는 상관하지 않는다.

하지만 이것을 다른 종류의 색소침착인 에펠리디(efelidi, 영어로는 ephelides)와 혼동해서는 안 된다. 에펠리디는 여름철 햇빛이 강한 때에 나타나고 겨울철에는 약해지거나 사라진다. 렌티지니와 에펠리디의 차이점은 바로 이러한 발생 시기에 있다. 렌티지니는 영구적으로 지속되며 연중 발생하지만, 에펠리디는 대부분 자외선 노출 후에 발생한다.

일반적으로 렌티지니는 황금빛을 띠며 따뜻한 언더톤에 속하는 반면, 에펠리디는 더 맑고 갈색을 띠며 차가운 언더톤에 속한다.

어떤 경우든 가벼운 질감의 제품을 사용하고 파운데이션으로 덮지 말 것을 권하는데, 그렇지 않으면 심각한 상태가 될 수 있다.

당연히 그 반대의 경우도 발생할 수 있다. 따뜻한 언더톤에 약간 분홍빛이 도는 오버톤을 가진 사람도 있는데, 훨씬 더 드물지만 찾아보기 불가능한 것은 아니다. 전형적인 경우는 햇빛에 쉽게 달아오르고 붉어지는 민감한 피부의 빨간색 머리카락을 가진 사람들이다. 피부가 매우 밝더라도 빨간색 머리카락을 가진 사람들은 독특한 색조를 가지고 있는데, 다른 사람들과는 다른 따뜻한 색조이다. 다시 흰빈 독립적인 변수에 대해 떠올려 보면, 밝다고 해서 반드시 차가운 색조를 의미하는 것은 아니며, 어둡다고 해서 반드시 따뜻한 색조를 의미하는 것은 아니다.

오버톤으로 돌아와서, 우리는 오버톤을 색채 분석에서 적극적인 요소로 간주하지 않지만 잘못 판단하지 않도록 조심해야 한다. 그러나 파운데이션을 선택하는 데에는 도움이 되는데, 파운데이션은 피부 표면에 바르기 때문에 색상이 일치해야 하기 때문이다.

차가운 피부에는 브론즈 컬러의 파운데이션을 사용하지 않으며, 오버톤이 노르스름하다면 분홍빛이 도는 파운데이션도 사용할 수 없다. 얼굴이 연어 색상이 될 수 있기 때문이다. 그렇다면 어떻게 해결할 수 있을까? 간단하다. 여기서 우리를 도와줄 수 있는 것이 바로 '중성'이다. '중성'은 색채 조화에서는 의미가 없지만, 화장품 선택에서는 도움이 된다. 즉 차가운 올리브색의 여성은 중성 및 소위 안티 올리브 색조를 사용한다.

파운데이션을 선택할 때에도 밝음–어두움과 차가움–따뜻함을 혼동하지 않도록 주의해야 한다. 매우 밝지만 꿀/금색조가 될 수 있고 어둡지만 반드시 황금빛을 내지 않기도 하는데, 이는 내부에 약간의 붉은색 성분을 가지고 있기 때문이다.

요약하자면, 언더톤은 우리의 색조가 따뜻한지 차가운지를 말해주며, 오버톤은 피부의 표면층에서 옅은 노란 색조를 띠는지 아니면 분홍 색조를 띠는지를 말해준다. 색채 조화에서 언더톤을 우선시하지만, 메이크업에서 파운데이션 선택에는 오버톤 또한 고려한다.

언더톤은 태닝으로도 강조되는데, 따라서 태닝되지 않은 자연 상태의 피부에서 분석을 해야 한다.

언더톤과 오버톤은 서로 독립적인 두 가지 변수이며, 다음 장에서 볼 색상 값도 마찬가지다.

3

색상 값

색상 값의 계산과 이용

밝기를 나타내는 값(value) 또는 톤(tone)은 가장 직관적인 개념으로, 이에 따라 밝은 피부, 어두운 피부, 그리고 중간 톤의 피부가 있을 수 있다.

톤, 언더톤 및 오버톤은 각각 독립적인 세 가지의 색채 특성이다. 각각 다른 특성에 영향을 주지 않기 때문에 우리는 세 가지 요소로 다양한 조합을 할 수 있다. 예를 들어 올리브색의 피부가 확실히 따뜻하지 않다는 것을 설명한다. 오히려 그 반대다!

값은 밝기를 나타내며, 따뜻하거나 차가운 것과는 상관없이 색상이 얼마나 밝거나 어두운지를 알려준다. 예를 들어 베이지색은 그 특성상 더 밝고, 안트라사이트(어두운 회색)는 더 어두운 값이다. 각 색상은 흰색을 첨가하여 밝게 하거나 검은색을 첨가하여 어둡게 할 수 있다. 예를 들어 빨간색 계열에서 분홍색은 밝은 값이고, 아마란스(진한 붉은색)는 어두운 값이다.

색상이 얼마나 밝은지 또는 어두운지 판단하는 데에는 1부터 10까지의 회색조를 사용하는 것이 도움이 될 수 있다. 여기서 1은 가장 어두운색, 10은 가장 밝은색을 나타낸다. 염색을 하는 미용사라면 이 개념이 익숙할 수 있다. 머리카락 염색에서 숫자 1은 검은색에 가깝고, 10은 거의 백색에 해당한다. 머리카락 염색에 익숙하지 않다면 고층 건물을 생각해 보라. 1층은 1과 같이 가장 어둡고, 옥탑은 10과 같고 가장 밝다.

왜 회색조를 사용할까? 다른 색상적 특성에 영향을 받지 않고 해당 색의 밝기만을 고려하기 때문이다. 한 개인의 색채를 분석할 때는 그 사람의 초상 사진을 흑백으로 변환하여 이를 통해 언더톤과 오버톤을 분리할 수 있다. 이제 회색조로 해당 색의 전체 색상 값을 측정해 보자. 이러한 전체 색상 값을 '색상 복합체(컴플렉스 크로마틱)'라고 한다. 여기서 말하는 것은 눈 색깔, 피부색 및 머리카락 색을 각각 따로 분석하는 것이 아니라 함께 종합적으로 평가한다는 것이다. 이 사진을 흑백으로 인쇄하면 얼마나 많은 잉크가 사용되는지 생각해 보라. 색상 복합체 값이 낮다면 더 많은 잉크가 사용되고, 값이 높다면 더 적은 잉크가 사용될 것이다.

앞서 말했듯이 색상 값은 분석하기 가장 쉬운 특성이다. 그런데 이 값은 어떤 용도로 사용될까? 개인의 색상과 비슷한 계열의 옷을 선택할 때 유용한 참고 자료가 될 수 있다. 예를 들어 아우터를 선택할 때는 주로 머리카락 색을 참고한다.

또한 메이크업에서도 값은 매우 중요한 매개 변수다. 특정 머리카락 또는 눈 색깔을 무시하고 색상 복합체에 집중해 보자. 값이 어두우면 아이섀도와 아이라이너는 중간 정도의 어두운 색상을 선호하며, 값이 밝으면 더 연하고 부드러운 색상을 선호할 것이다.

다양한 민족과 피부색에 따른 색채 조화

나는 주로 언더톤과 색상 강도의 변수를 참조한다. 이는 백인뿐만 아니라 아시아인, 아프리카인 등 다양한 민족에도 적용될 수 있다.

앞 장에서 따뜻한 색을 가진 사람과 차가운 색을 가진 사람의 특성을 알아보았다. 그리고 검은 피부에 대해서 간단히 언급했는데, 검은 피부는 밀크초콜릿 색과 다크초콜릿 색으로 나눌 수 있다. 이것은 당연한 것처럼 보일 수 있지만, 종종 우리는 민족을 크게 분류하면서 그들의 차이점을 인식하지 못한다. 마치 세계가 백인종, 흑인종, 아시아 인종과 같은 유형으로만 나눠진 것처럼 말이다.

수업 중에 종종 다음과 같은 질문을 접할 때가 있다. "그렇다면 중국인은 모두 차가운 색을 가졌나요?" "피부가 검은 사람은 가을형에만 속할 수 있나요?" 사실 우리가 백인 피부가 가질 수 있는 다양한 색조를 발견하고 놀라는 것처럼, 흑인 피부도 마찬가지다. 색채 조합은 다양하고 언더톤, 대비 및 강도 같은 모든 요인을 고려한다. 아시아인도 마찬가지로, 아시아인에는 중국인뿐만 아니라 매우 다른 특성을 가진 다양한 인종이 있다. 이 경우에도 서구와 마찬가지로 매우 밝거나 어두운 피부, 높은 대비, 더 균일하고 다양한 색상 강도를 가

오랫동안 백인은 그 특성을 강조하여 인종적인 우월성의 표시로 여겨 왔다. 그런데 흰색이라고 말할 수 있을까? 백인 피부는 실제로 흰색이 아니다. 이 범주에는 분홍색에서 황금색을 거쳐 올리브색까지 다양한 색조가 포함된다.

어떤 지역에서는 백인의 피부색을 자랑스러운 것으로 여기지만, 건강에 해로운 것으로 인식하는 곳도 있다. 이는 아프리카인의 관점으로, 그들은 피부색의 밝기보다 피부의 빛나는 정도를 더 중요하게 생각한다. 아시아인도 하얀 얼굴을 죽음 및 질병과 연관 짓는다. 한편 유럽인은 동아시아 인종을 황색으로 간주하는데, 실제로 중국인은 피부가 노랗지 않다. 그렇다면 왜 그들은 이 색조로 인식되었을까? 실제로 16세기 및 17세기의 여행자와 탐험가가 보낸 보고서에는 중국인과 유럽인의 피부색의 차이가 전혀 언급되어 있지 않다.

실제로 이러한 노란색의 속성은 비교적 최근(19세기)에 언급되었으며, 인종적(그리고 인종차별적)으로 설명되었다. 노란색이 흰색과 갈색 사이에서 중간적이며 모호한 색상으로 여겨졌기 때문이다. 사실 중국인은 전혀 낙후되지 않았지만 서양인과 동등한 수준은 아니라는 의견을 전달하기 위한 것이었다.

인종에 어떤 색상을 부여하는 것은 문화적이며 과학적이지 않다. 색상은 보는 사람의 눈에 달렸다고 할 수 있다. 피부색을 이렇게 명확하고 범주적으로 이야기하는 것은 의미가 없다. 인류는 흰색에서 검은색까지 무한하고 매혹적인 색조와 조합을 가진 하나의 큰 색상 단계도(그러데이션)를 보여준다.

질 수 있다.

따라서 피부가 밝거나 어두운 것은 중요하지 않으며, 마찬가지로 성별이나 나이도 중요하지 않다.

태닝이 우리의 팔레트를 바꿀 수 있을까?

우리의 팔레트에 태닝이 미치는 영향을 보기 전에, 먼저 피부의 태양 노출에 대한 민감도를 기준으로 분류하는 포토타입(phototype)의 개념을 소개한다. 아마도 자외선 차단 크림을 구입할 때 들어봤을 것이다.

한 개인의 포토타입은 멜라닌의 양과 질에 따라 결정되는데, 멜라닌은 피부에 특유의 색상을 부여한다. 피부과학에서는 여섯 가지 포토타입으로 구분하는데, 첫 번째 유형은 햇빛에 노출되어도 타지 않는 연한 빨간색 피부이며(알비노 포함), 여섯 번째 유형은 매우 어두운 피부다. 그 사이에는 다양한 색조의 피부와 그 피부의 햇빛에 대한 반응이 포함된다. 첫 번째 유형에 속하는 사람의 머리카락과 눈이 반드시 밝은 색조는 아니며, 갈색 눈에 갈색 머리카락일 수 있다. 또한 네 번째 유형의 사람이 모두 어두운 색조인 것은 아니며, 밝은색 눈과 어두운 금발 머리카락을 가졌을 수 있다. 앞서 언더톤을 결정하는 부분에서 보았듯이 이 경우에도 마찬가지로 포토타입을 결정하는 주요 요소는 피부색이다.

따라서 처음 질문으로 돌아와서, '태닝이 우리의 팔레트를 바꿀 수 있을까?'라는 문제에 대한 대답은 '아니다'이다. 팔레트는 주로 언더톤과 강도에 의해 결정되기 때문이다. 이 두 요인은 태닝으로 바뀌지 않으므로 팔레트도 바뀌지 않는다. 물론 태닝으로 다르게 보일 수는 있다. 태닝은 피부를 더 어둡게 하고 대비 수준을 낮추어 피부 값

태닝의 역사

하얀 피부는 항상 특정 인종의 특징일 뿐만 아니라 엘리트의 상징으로 여겨져 왔다. 귀족들은 하루 종일 들에서 일하는 서민이나 농민들과 달리, 궁궐에서 생활하는 사람들에게 전형적인 하얀 피부를 가졌다. 18세기에는 정맥을 볼 수 있을 정도로 매우 투명한 피부를 유지하는 관습에서 '파란 피(blue blood)'라는 표현이 생겼다. 이 표현에 대한 또 다른 설명은 왕실병(royal disease)으로 알려진 혈우병으로, 근친상간 때문에 수세기 동안 유럽 왕실의 여러 구성원에게 영향을 미쳤다. 혈우병은 혈액 응고에 문제가 있는 질병으로 내부 출혈, 멍, 푸르스름한 부기가 발생하는 등의 증상을 유발한다. 이렇게 자신을 차별화하려는 욕구는 집착이 되어, 실제로 남녀 모두가 얇은 정맥을 보여주기 위해 정맥의 모양을 따라 그리기까지 했다.

19세기에는 추세가 반전되었다. 부유한 사람들은 야외 생활을 즐기는 반면 노동자들은 공장에서 일하는 동안 실내에서 시간을 보냈고, 이와 함께 태닝에 집착을 하게 되었다. 오늘날에는 새로운 방법들이 등장하고 태닝이 더 이상 유행하지 않는 것으로 보인다. 과도한 태닝을 저속하게 보는 변화된 취향 때문이다. 또한 태양에 의한 피부 손상 및 그로 인한 노화, 또한 암과 같은 질병과 관련된 것으로 나타나 태닝에 부정적인 영향을 끼쳤다.

에 영향을 준다. 다음 장에서 살펴보겠지만, 여름을 맞이하는 색다른 분위기 덕분에 메이크업 루틴에 약간의 변화를 주거나 겨울철에 고려하지 않았던 색상을 소개할 수 있다. 그러나 피부 온도가 차가운 경우 햇빛에 노출된 후 따뜻한 피부로 변하지는 않다. 그럼에도 불구하고 항상 태닝되지 않은 피부에서 색채 분석을 할 것을 권장한다. 이렇게 함으로써 피부의 진짜 언더톤, 값, 특히 변경된 소비톤의 성향을 받지 않은 대비를 얻을 수 있기 때문이다.

4

대비

대비가 의미하는 것

서로 다른 값을 가진 색상들을 함께 배치하면, 즉 더 어두운색과 더 밝은색을 배치하면 색상 대비를 얻을 수 있다. 대비는 두 색상에서 밝기/어둡기가 극단적으로 다를수록 더 높아진다. 이해를 돕자면 가장 높은 대비는 흰색과 검은색 사이에서 나타난다.

반대로 낮은 대비는 회색조(그레이 스케일)에서 두 가지 이상의 인접한 색상이 조화되어 보이는 색상을 들 수 있다. 낮은 대비의 좋은 예는 캐시미어 패턴 또는 군복 문양으로, 이들은 값 측면에서 매우 균질한 색상을 갖고 있다.

다시 말해 대비는 독립적인 변수들을 다룬다. 결합하는 색상의 값, 언더톤 및 강도에 관계없이 대비가 발생할 수 있기 때문이다. 우리의 피부-눈-머리카락의 대비도 더 강하거나 약할 수 있다.

이 개념을 이해하기 쉽게 하기 위해 학교에서 공부했던 그래프를 사용해 보겠다. 세로축은 값(value)을 나타내는데, 1은 가장 낮은 값으로 가상 어두운색을 의미하고, 10은 가장 높은 값으로 가장 밝은 색을 의미한다. 반면 가로축은 눈, 피부 및 머리카락의 참고값을 나타낸다.

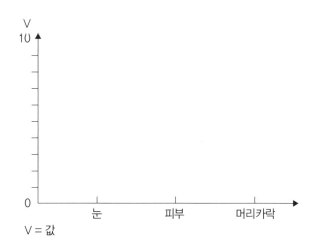

눈, 피부, 머리카락 세 가지 요소 각각에 고유한 값을 할당한다. 예를 들어 회색조 위에서 눈의 값은 어떻게 될까? 즉 얼마나 밝거나 어두울까? 피부 값과 머리카락 값에 있어서도 마찬가지다. 3개의 값을 그래프에 표시한 후 표시한 점을 연결하고 값의 척도에서 피부, 눈, 머리카락이 같은 지점에 위치하는지 또는 강한 대비를 만드는지 확인한다.

따라서 생각해 볼 문제는 다음과 같다. '눈 색깔과 머리카락 색 사이에 대비가 있는가?' '피부색과 머리카락 색 사이에 대비가 있는가?' 그래프가 충분히 평평하다면 대비가 낮다는 것이다.

다음 그래프는 매우 어두운 눈, 어두운 피부, 그리고 어두운 머리카락을 가진 사람의 예시다. 이 세 가지 요소의 값은 세로축에서 1과 3 사이에 균일하게 배치되어 있으며, 높은 값의 피크가 없다.

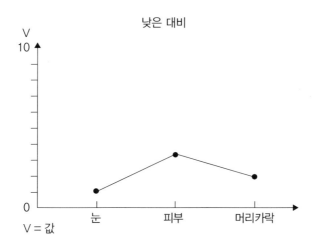

물론 다음 그래프와 같이 눈, 피부, 머리카락 세 가지가 모두 밝더라도 대비는 낮다.

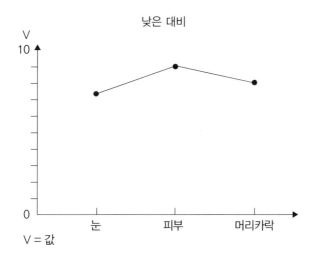

눈, 피부, 머리카락 세 가지 값이 모두 중간인 경우에도 대비가 낮게 유지되는데, 대비를 낮게 만드는 것은 이들을 연결하는 선이 거의 평평하기 때문이다.

반면 세 가지 요소 간의 값이 큰 차이가 있는 경우 대비가 높다. 다음 그래프에서 볼 수 있듯이 이것은 어두운색 눈, 매우 밝은색 피부 및 어두운색 머리카락을 가진 사람의 그래프다. 세로축에서 이 세 가지 요소의 값은 고르지 않고 선형이 아니다. 두 개는 값이 1이고, 하나는 9로 피크다.

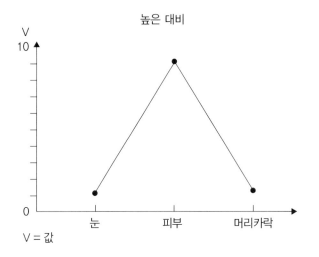

세 가지 요소 중 어느 것이 다른 요소와 대비를 이루는지는 중요하지 않다. 그래프의 결과는 매우 밝은색 피부와 어두운색 머리카락을 가진 눈, 또는 밝은색 피부 및 머리카락과 어두운색 눈의 경우에도 여전히 불균일하다. 다시 말해 언더톤이나 강도가 무엇이든 상관없이 대비는 독립적인 변수다.

우리는 주로 피부-눈-머리카락 조합을 고려하지만, 완전성을 기하기 위해 미세하지만 다른 대비 요소들이 있음을 지적하고 싶다. 예를 들어 피부에 비해 특히 어두운 눈썹, 매우 하얀 공막과 어두운 홍채가 결합된 눈, 검은 피부에 매우 하얀 치아 등이 있다.

대비 수준을 측정하는 방법을 살펴보았으니 이 정보를 어떻게 활용하는지 알아보자.

다른 변수들과 마찬가지로 항상 반복의 원칙을 지켜야 한다. 착용하는 대비 수준은 퍼스널 컬러의 대비 수준과 조화를 이루어야 한다. 퍼스털 컬러 안에서 강한 대비를 보인다면 강력한 색상 대비를 통해 더욱 빛날 것이다. 예를 들어 어두운색 머리카락과 밝은색 피부를 가진 사람에게 검은색과 흰색은 훌륭한 조합이다.

반대로 퍼스널 컬러에서 낮은 대비를 나타낸다면 그때는 조화로운 톤 온 톤의 조합을 선택하는 것이 좋으며 강한 색상 대비를 피해야 한다. 그렇지 않으면 대비가 너무 강해 지나치게 강조되는 결과를 가져올 수 있다. 그러나 여기서 포기하는 것이 아니라 조화를 이루는 것이 중요하다. 줄무늬, 체크무늬, 점무늬 같은 패턴은 모든 사람들에게 잘 어울리며, 유일하게 주의해야 할 점은 강한 대비를 가진 사람들은 뚜렷하고 대조적인 패턴을 선택하고, 대비가 낮은 사람들은 더 부드러운 매치를 해야 한다는 것이다. 시각적인 효과를 피하는 것이 좋다.

대비의 원칙은 머리카락 염색이나 메이크업과 같은 미용 선택에도 적용될 수 있다. 다음 두 단락에서 이에 대해 자세히 알아보겠다.

옷을 입거나 선택할 때 색상의 강한 대비로 포컬 포인트(focal point)를 만들 수 있다. 포컬 포인트는 두 색상이 겹치는 지점인 색상의 변화점을 가리키며, 관찰자의 시선을 끌어들이기 때문에 이 색상 변화점을 이용하여 강조하고자 하는 부분을 부각시킬 수 있다. 예를 들어 허리를 강조하고 싶다면 대비가 있는 아름다운 벨트를 색상에 맞게 착용하면 된다. 반면 발목에 달린 스트랩은 다리 아래쪽 부위를 강조하게 된다.

하지만 포컬 포인트가 우리 몸의 약점을 강조할 때는 오히려 좋지 않은 선택이 될 수 있다. 예를 들어 자주 만들어지는 포컬 포인트는 바로 맨투맨과 바지의 대비다. 맨투맨의 밑단이 허리선에 떨어진다면 그 부분이 강조된다. 따라서 엉덩이가 약점이라면 맨투맨을 좀 더 길게 착용하거나 약간 더 짧게 착용해야 한다. 중요한 것은 옷의 밑단이 몸의 가장 넓은 부위나 약점을 가려줘야 한다는 것이다. 맨투맨뿐만 아니라 재킷이나 스커트의 밑단도 마찬가지다. 마음에 들지 않는 종아리나 거북다리를 가진 경우 밑단은 그 부분 약간 위나 아래에 위치하도록 해야 한다.

머리카락 염색과 색상 대비

머리카락 염색에서 색상 선택은 쉽지 않은 어려운 작업이다. 미용에 대해 다양한 시도를 하며 변화를 추구하는 사람들이 있다. 그들은 변화를 두려워하지 않고 블론드, 브라운, 레드 같은 다양한 색상을 시도하고, 매시(mèches, 하이라이트), 샤투시(shatush, 그러데이션), 발레아쥬

(balayage, 브릿지) 등 다양한 염색 기법도 이용한다. 그들은 계속해서 변화를 추구하는데, '시도해 보고 마음에 들지 않으면 다시 바꾸면 된다'라는 생각으로 접근한다.

어떤 사람들은 미용실에서 받는 서비스에 대해 불만족스럽게 생각한다. 또 어떤 사람들은 자신의 자연스러운 머리카락 색을 변화시키는 것을 꺼리며 염색을 하지 않고 흰머리가 나올 때까지 그대로 놔둔다. 또한 '이것이 내 자연 색상이라면 분명히 최선일 것이다'라는 생각 때문에 시도를 망설이기도 한다. 많은 경우 이것이 사실이기도 하지만, 우리의 개인적인 색상 특성, 특히 언더톤과 대비의 측면에서 이를 따르고 강조하여 자연의 작품을 향상시킬 수 있다.

언더톤에 대해 이미 언급하였듯이 따뜻한 색을 가진 사람은 따뜻한 색을 사용하고, 차가운 색을 가진 사람은 차가운 색을 선호할 것이다. 머리카락의 경우에도 값과 언더톤은 서로 독립적인 변수다. 예를 들어 갈색 머리카락을 차가운 톤으로 변화시킨다고 해서 머리카락을 검은색으로 바꾸는 것이 아니라, 간단히 황금색, 헤이즐넛 또는 적갈색 등의 색조를 없애는 것이다. 마찬가지로 대비를 고려하는 것이 매우 중요하다.

대비의 수준을 분석하기 위해서 나는 줄무늬 직물을 사용하는 방법을 개발했다. 흰 옷감이나 띠로 머리카락을 가리고, 흰색과 검은색 대비가 강한 줄무늬 드레이프를 얼굴 아래에 대고 비교한다. 그런 다음 흰색과 회색 줄무늬가 있는 보다 차분한 드레이프로 비교한다. 첫 번째 드레이프와 두 번째 드레이프를 비교하여 첫 번째 드레이프가 더 잘 어울린다면 높은 대비를 가지고 있다고 할 수 있고, 두 번째 드레이프가 더 잘 어울린다면 낮은 대비를 가지고 있다고 할 수 있다. 어떤 줄무늬가 우리에게 더 잘 맞는지 결정하는 기준은 얼굴의 특징을 부각시키고 우리의 이미지를 더 강조하는 데 있다. 단, 이런 줄무늬가 얼굴보다 눈길을 더 끌어버릴 수도 있다.

기본 대비 수준을 확인한 후 대비를 강조하기 위해 밝게 할지 또는 어둡게 할지 여부를 평가히어 머리카락 색을 선택할 수 있다. 다음 그래프를 활용하여 예를 들어보겠다. 중간 갈색의 머리카락, 매우 밝은색 피부, 갈색 눈동자 및 흰색 공막이 있는 사람의 경우 높은 대비가 가장 잘 작동한다는 것을 확인할 수 있다. '백설공주 효과'를 얻기 위해 색상의 자연스러운 대비를 강조하는 것이 좋다. 대비를 높이려면 어떻게 해야 할까? 머리카락 색을 어둡게 하고 피부색을 밝게 하는 것으로, 예를 들면 브론즈 메이크업 대신 더 밝은 파운데이션을 사용하는 것이다.

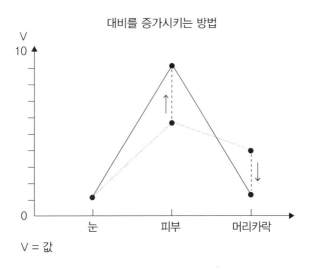

대비를 증가시키는 방법

V = 값

대비가 높은 사람은 칠흑같이 까만 머리색과 같은 강렬한 색상이 잘 어울린다. 물론 개인적인 스타일도 고려해야 한다. 대비는 룩을 더 결정적으로 보이게 하며, 반드시 어둡거나 공격적이지는 않지만 확실히 더 강력하다. 극단적인 경우가 아니라면 금발이라도 피부와의 대비를 조절할 수 있다. 예를 들어 자연스럽게 새로 나온 것처럼 머리카락의 뿌리를 어두운 색조로 남겨둘 수 있다. 즉 뿌리를 염색하지 않기로 결정하여 얼굴 주변에 약간의 대비를 남겨두는 것이다.

최근 몇 년 동안 많은 유명인들이 태닝에 대한 신화를 버리고 대비를 강조하는 방향을 선택했다. 물론 이러한 선택은 그들의 기본 색상에 대비가 있는 경우만 해당한다. 대비는 스타일적인 선택뿐만 아니라, 때로는 피부의 작거나 큰 문제를 보정하는 선택이기도 하다.

최근에 민감한 피부를 가진 여성에게 조언을 했는데, 그녀의 피부는 종종 붉고 약간 빛나는 경향이 있었다. 이 여성은 여러 피부과 전문의와 상담했지만 원하는 치료 결과를 얻지 못했다. 나는 차갑고 붉어진 피부를 더욱 자극하는 헤이즐넛 색조를 머리카락에서 제거하고 염색을 약간 어둡게 하여 대비를 높이는 것이 좋다고 조언했다. 그 결과 이 여성은 피부 문제를 완전히 해결하지는 못했지만 미적으로 유용한 타협점을 찾았다. 요컨대 피부과 의사는 치료를 끝내지 못했지만 미용사가 부분적으로 성공한 것이다.

그러나 다른 경우에는 드레이핑 테스트 결과가 반대로 나올 수도 있다. 더 균일한 줄무늬를 선호하는 것으로 확인되면 눈, 피부, 머리카락 사이에 너무 큰 대비가 없어야 한다. 그렇지 않으면 얼굴 특징이 강조되어 더 공격적이거나 나이 들어 보일 수 있다. 따라서 가능하다면 색채 조화를 부드럽고 균일하게 유지하는 것이 좋다.

다음 그래프는 중간 피부와 검은색 머리카락에서 시작하여 두 가지 간단한 움직임으로 원래 선을 평평하게 할 수 있는 방법을 보여준다. 메이크업이나 태양의 도움으로 머리카락 색을 약간 밝게 하고 피부색을 약간 어둡게 하면 된다. 모든 것은 항상 그 사람의 언더톤을 고려하여 이루어져야 한다.

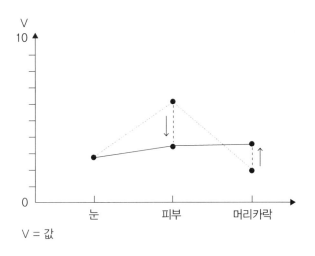

그래프에서는 눈, 피부, 머리카락이라는 세 가지 기본 요소로 나타내지만, 축을 확장하여 수염이나 눈썹과 같은 다른 구성 요소를 포함시킬 수 있다. 대머리 남성은 자신의 피부색과 대조되는 짙은 색의 수염을 자라게 하거나, 반대로 면도를 하여 자신의 대비를 변화시킬 수 있다. 마찬가지로 밝은색 눈을 가진 여성은 눈썹을 약간 더 어둡게 염색하여 대비를 이룰 수 있다. 대비 작업과 관련된 세부 사항은 안경과 립스틱까지 포함하여 더 다양해질 수 있다.

왜 빨간색 립스틱은 모두에게 잘 어울리지 않을까?

빨간색 립스틱은 미용(뷰티)의 고전 중 하나이지만, 동시에 큰 딜레마이기도 하다. 어떤 사람에게는 그것이 매우 우아하게 보이는 반면, 다른 사람에게는 무겁고 저속해 보일 수 있기 때문이다.

이것은 피부 색조 등 몇 가지 요인과 관련이 있지만, 퍼즐의 열쇠는 무엇보다도 대비에 있다.

립스틱은 얼굴에서 대비 요소 중 하나이며, 눈썹, 수염 등과 마찬가지로 대비 원리에 따라 선택해야 한다. 색조를 선택하는 기본 원칙은 항상 반복이다. 즉 높은 대비를 갖는 사람은 높은 대비의 것이 잘 어울리며, 립스틱 또한 마찬가지다. 피부-눈-머리카락의 대비 수준이 높을수록 선명한 빨간 립스틱이 더욱 매력적으로 보인다. 디타 본 티즈(Dita von Teese)의 도자기 피부와 검은색 머릿결의 대비, 또는 그웬 스테파니(Gwen Stefani)의 암막같이 검은 눈과 플라티늄 블론드 머리카락의 대비를 상상해 보자. 이들은 빨간색 립스틱 없이는 상상하기 어렵다.

물론 밝은 미소와 규칙적인 입술 모양이 필요하다. 대비 수준이 높지만 이러한 두 가지 조건이 충족되지 않으면 립스틱 대신 스타일과 일치하는 빨간색 안경으로 대체할 수 있다. 반대로 중저 수준 대비라면 더 차분한 색조의 립스틱을 선택하는 것이 좋다. 이런 경우 너무 선명한 빨간색 립스틱은 전체적으로 조화롭지 않거나 눈에 띌 수 있기 때문이다. 배우 에바 멘데스(Eva Mendes)가 좋은 예다. 그녀의 피부-눈-머리카락은 어둡고 균일하며 대비가 없기 때문에 누드톤 립스틱을 선택한다. 대비는 립스틱이 여름철보다는 겨울철에 덜 어울리는 이유도 설명해 준다. 여름에는 피부가 탄 후 대비가 줄어들어 립스틱이 전반적으로 잘 어울리지 않을 수 있다. 여름이 끝나고 피부가 밝아지고 대비가 더 강해지면서 선명한 빨간색 립스틱이 다시 부각된다.

강도

색상의 포화도(채도)

강도는 색상의 채도 수준, 즉 색이 얼마나 선명한지를 의미한다. 선명한 색상은 순수한 색상이라고도 하는데, 오염되거나 흐려지지 않고 높은 수준의 광도를 유지하기 때문이다. 이와 달리 낮은 강도의 색상은 더 차분하고 탁하며 부드럽다. 실제로 이러한 색상은 빛이 나지 않으며 어느 정도 희미하거나 어둡게 보인다. 그러나 이 색들이 덜 아름답다는 뜻이 아니라 오히려 가장 우아한 색상들이다. 파우더 블루, 아르마니의 그레이지(greige), 모든 모래색 또는 진주색 톤을 생각해 보라!

낮은 강도의 색상을 이해하기 위해 가정적인 예시를 해보겠다. 세탁기에 멋진 밝은 노란색의 스웨터를 넣었는데 실수로 검은색 양말도 함께 들어가서 결국 회색으로 변해 나왔다고 상상해 보자. 스웨터는 더 밝아지거나 어둡게 변한 것이 아니라, 빛나던 특성을 잃고 회색으로 '오염된' 것처럼 보일 것이다. 이렇게 회색으로 '오염된' 것처럼 낮은 강도의 소프트한 색상늘을 생각해 보면 된다. 또 다른 예시로서 토스트기를 생각해 보자. 아침에 흰색 빵을 토스트기에 넣었는데 잠시 후에 바나나 빵처럼 약간 그을린 빛깔로 나온다면, 이 경우 빵은 회색이 아닌 베이지색으로 '오염된' 것처럼 보인다. 어쨌든 원래 색상이 야채져 더 부드러워진 것이다.

사람들에게서 '강도'를 어떻게 알 수 있는지 알아보자. 우리의 퍼스널 컬러를 더 강렬하게 하는 요소는 매우 어둡거나 밝은 머리카락, 또는 밝든 어둡든 상관없이 특히 매끄럽고 빛나는 피부다. 강도도 색상의 레벨이나 값과는 독립적인 변수라는 것을 다시 한번 상기하자.

강도의 중요한 요소 중 하나는 눈의 밝기다. 눈동자가 밝은 색상이라고 해서 충분하지 않으며, 광채가 나거나 먼 곳에서도 빛나야 한다. 어떤 사람들은 눈이 매우 아름답고 밝다는 것을 가까이에서만 알 수 있다. 그러나 어두운 눈 또한 강렬한 시선을 줄 수 있으며, 우리는 앞서 매우 흰 공막과 그것이 만들어 낼 수 있는 멋진 대비를 확인한 바 있다.

우리 색상을 더 강조하는 특징 중 하나는 바로 대비다. 피부와 머리카락의 대비, 눈과 머리카락의 대비, 미소와 피부의 대비 등 다양한 조합에서 대비가 강조될 수 있다.

한 가지 자주 강조하는 원칙은 우리의 특성을 따르라는 것이다. 강한 색상을 가진 사람은 강한 색상을 사용해야 하고, 이러한 경우에 부합하지 않는 사람은 부드러운 색상을 사용해야 한다. 개인 색상에 비해 너무 강한 색상을 입으면 사람이 아닌 옷이 사람들의 시선을 끌게 된다. 즉 우리보다 강한 색상은 우리를 가려버린다! 반대로 개인의 색상보다 너무 흐릿하고 어두운 색상을 입으면 우울하고 톤다운된 느낌을 주거나 전혀 주목받지 않을 수 있다.

이 역시 규칙이지만 흥미로운 예외를 소개하고 싶다. 부드러운 색채 특성을 가졌음에도 불구하고 강렬한 색상 또한 아주 잘 유지하는 사람이 있다. 이는 강한 개성과 활기찬 성격, 높은 에너지 수준을 가진 사람들이 해당한다. 이들을 '밝은 사람'이라고 정의할 수 있다. 사실 '밝은 사람'은 종종 이국적이고 과장된 스타일을 가지고 있다. 이러한 경우는 옷, 액세서리뿐만 아니라 메이크업과 머리카락 색에도 적용된다.

강렬한 색상은 생동감 있거나 저속해 보일 수 있다

이 책을 통해 전달하고 싶은 중요한 사실은, 동일한 색상이 어떤 사람에게는 아주 잘 어울리고 또 어떤 사람에게는 그다지 잘 어울리지 않을 수 있다는 것이다. 물론 이것은 색상 자체의 문제가 아니라 착용하는 사람과 관련이 있으며, 이는 바로 반복의 원칙에 따라 결정된다. 밝은 색상에 대해선 한편에서는 기쁨을 주고 개성이 있으며 빛나 보이지만, 다른 한편에서는 현란하고 우아하지 않으며 눈에 거슬린다고 한다.

이러한 입장들은 개인의 취향과 성격을 나타낸다. 색상 자체에는 흠도 없고 메리트도 없다. 잘 어울린다면 우리와 우리가 입은 옷이 함께 잘 어우러지기 때문이고, 어울리지 않는다면 색상의 문제도 우리 자신의 색상적 특징의 문제도 아닌, 단순히 함께 어울리기에 적합하지 않을 뿐이다. 커플 사이에서는 이를 '성격 차이'라고 한다. 여기서도 마찬가지다. 우리는 억지로 착용하거나 어울리지 않는 것을 착용했을 때 고통스러운 상황을 경험한다. 예를 들어 친구와 같은 립스틱을 비르기니 드레스를 입어봐도 같은 효과를 내지 못하는 경우다.

특히 밝은 색상은 약간 압도적이고 항상 눈에 띄는 경향이 있어서 밝은 눈, 매우 어두운 머리카락 또는 높은 대비의 사람들과 잘 어울린다. 서로를 압도하는 일은 없지만 서로 반사하는 두 개의 거울처럼 서로 빛을 발한다. 강렬한 색조는 많은 장점이 있다. 기분을 상쾌하게 하고 강한 개성을 나타내며, 또한 중요한 특징으로 작업용 옷과 호환된다는 것이다. 예를 들어 선명한 넥타이는 공개 연설에서 청중의 관심을 끌고 유지하는 데 전략적이다. 생생하고 선명한 색상의 언더 재킷은 슈트를 덜 지루하게 만들 수 있다. 그리고 포컬 포인트 효과를 잊지 말자. 밝은 색상이 만나는 포인트는 강조하고 싶은 신체 부위에 주의를 집중시키거나, 반대로 주목하고 싶지 않은 부분에서 눈을 돌리게 한다.

또한 색상을 더 짙게 하거나 더 빛나게 만드는 직물도 있다. 벨벳의 깊이나 새틴의 광채를 생각해 보자. 이것은 메이크업에도 적용된다. 새틴 아이섀도가 글리터가 없는 아이섀도보다 더 섬세하게 보이는 것처럼, 매끄럽고 윤이 나는 립 글로스는 무광 립스틱보다 더 생기 있게 보인다.

물론 대부분의 수줍음이 많은 사람들은 지나치게 강렬한 질감과 색상을 멀리한다. 그들은 옷장에서 그것들을 관리하기 힘들어 하고 입을 때 불편함을 느낀다. 그러나 이것은 단지 성격의 문제만은 아니다. 우리가 그 특성이 없다면 색상의 강도는 작동하지 않는다. 저속함은 강렬한 색상에 내재된 것이 아니라, 우리의 얼굴과 어울리지 않는다는 사실의 결과일 뿐이다. 우리가 얼굴에 색을 입힌다는 것은 벽에 그림을 거는 것과 비슷하다. 우리는 절대로 벽과 그림에 어울리지 않는 액자를 사용하지 않을 것이다. 그렇다면 우리가 입는 옷에 대해서는 왜 그렇게 해야 할까?

부드러운 색상은 우아하거나 우울해 보일 수 있다

앞서 논의했던 모든 내용은 부드러운 색상에도 동일하게 적용된다. 많은 사람들은 부드러운 색상을 좋아하며 다른 색상은 입으려 하지 않을 정도다. 부드러운 색상은 로맨틱하며 여성스럽고 매우 우아하다. 우리는 회색 및 모든 진주 색조에 대해 말하고 있지만, 연한 파스텔색과 여름철 사막색과 모래색도 포함된다. 이 중에는 도브 그레이와 모든 중성 및 중간 색조도 있다. 따뜻한 색상 중에서도 아름다운 것들을 찾을 수 있다. 시나몬, 우스터, 파프리카와 같은 향신료 색상들과 벽돌색에서 테라코타 색까지 흙 색상들을 생각해 보라.

직물의 경우 벨벳, 새틴 및 광택이 있는 것들은 더 빛나고 눈에 띄지만, 리넨이나 쉬폰, 스웨이드는 자연스럽고 부드러운 특징이 있다. 장식에서도 마찬가지다. 파예트(paillette)와 스와로브스키는 더 화려하고 글리터와 새틴은 더 부드럽다. 이 경우 선택은 색상의 강도와 피부 질감에 따라 결정된다. 건강하고 밝은 피부는 밝은 색조를 선호하며, 반대로 더 칙칙하거나 흉터가 있는 피부는 불투명한 질감이 더 효과적이다. 원단을 사용하여 강도를 조절하고 더 다양한 색상을 자유롭게 입을 수 있다.

메이크업도 마찬가지다. 밝은색 립스틱을 좋아하지만 그것이 잘 어울리지 않는다고 느껴진다면, 더 부드러운 립 라이너로 완화시키거나 부드럽게 털어내어 과하게 빛나는 효과를 줄인다. 물론 부드럽거나 화려한 립스틱의 경우 우리가 보여주는 대비 수준에 따라 그 선택이 달라진다. 반면 립스틱의 광택이나 무광은 확실히 색상의 강도와 우리 입술의 모양에 영향을 준다. 도톰한 입술은 매트한 립스틱이 잘 어울리고, 얇은 입술은 반짝이는 립스틱이 더 잘 어울린다. 눈 메이크업의 경우 같은 색상에서도 아이라이너에 비해 더 부드러운 아이새도를 고려할 수 있다. 이 경우에도 다양한 색상과 질감을 혼합하여 사용할 수 있다.

부드러운 색조는 섬세함과 우아함으로 인해 매우 인기가 있지만 의상으로 입기에는 그렇게 쉽지 않다. 사실 문제는 지리적으로 지중해 지역 사람들이 더 진한 색상을 가지고 있다는 것인데, 이러한 색상들은 우리가 입는 옷에서도 동일한 강도를 요구한다. 이것이 많은 사람들에게 사랑받는 파우더 핑크가 고통이자 기쁨이 되는 이유다. 결혼식에 참석할 때는 가장 좋은 선택으로 보일 수 있지만, 피팅룸에서 시도해 보면 그렇게 잘 어울리지 않는다는 것을 깨닫게 된다. 이 역시 색상의 잘못이 아니라, 그저 우리의 색채적 특징과 거리가 있다는 것일 뿐이다. 이것은 몇몇 사람들에게는 세련되지 않고 우울한 이미지를 만들어 낸다.

세이지 그린, 도브 그레이, 바이올렛 및 많은 다른 아름다운 연한 색상들도 마찬가지다. 안타깝게도 모두에게 적합한 것은 아니다. 어떻게 해야 할까? 보다 강렬한 색상으로 대신하거나, 의상에 더 많은 빛과 화려함을 주는 밝은색 립스틱이나 반짝이는 액세서리로 보완해야 할 수도 있다.

6

방법

색채 특성은 시간이 지남에 따라 변할까?

색채 특성은 시간이 지남에 따라 극적으로 변하지는 않는다. 즉 한 계절에 태어난 사람이 시간이 지나 다른 계절의 사람으로 변하지 않는다. 하지만 미세한 변화가 발생할 수는 있는데, 이는 언더톤, 강도 및 값을 포함한다. 어떤 변화가 있는지 살펴보자.

언더톤의 경우 일반적인 규칙이 적용된다. 언더톤은 시간이 흘러도 변하지 않는다. 따뜻한 톤으로 태어났다면 차가운 톤이 되지 않지만, 시간이 지남에 따라 약간 차가워지는 경향은 있다. 따뜻한 톤의 사람은 노란빛 또는 황금빛을 부분적으로 잃는 한편, 차가운 톤의 사람은 시간이 지남에 따라 점점 더 차가워진다. 예를 들어 머리카락 색이 붉은 사람은 어릴 때는 황금빛과 주황빛을 띠는 머리카락을 보여주는데, 이로 인해 유명한 '당근(홍당무) 머리'라는 별명이 붙게 된다. 하지만 자라면서 점차적으로 차가워지는 추세가 된다. 이와 같은 변화는 머리카락뿐만 아니라 피부도 마찬가지다. 빨간색 머리카락에서는 이미 오버톤에서 분홍빛을 띠고 있으며, 이러한 이유로 빨간색 머리카락을 가지고 그것을 염색하는 사람은 몇 년 동안 빨간색보다 구릿빛 금발에 가까운 염색을 선호하게 된다. 하지만 이는 솔직히 말하면 미용사의 기술과 밀접하게 관련된 기술적인 이유로 발생한다. 가장 능숙한 미용사만이 아름다운 원래의 (오리지널) 빨간색을 재현할 수 있다. 따라서 염색에 의존하는 사람들은 가짜 빨간색 머리카락에서 저렴하거나 저속한 효과를 얻기보다 색상을 약간 낮추는 편을 선호한다.

매우 흥미로운 한 예로 애쉬 블론드 머리카락을 가진 사람들을 들수 있다. 이들은 시간이 흐름에 따라 모발의 색소가 차가워지고 원래 잿빛으로 나온 뿌리 자체가 더욱 회색으로 변한다. 그들 가운데 일부는 20년 동안 항상 같은 색상, 같은 코드, 같은 방식으로 작업하는 미용사의 도움을 받아 왔지만, 이와 같은 뿌리의 변화로 인해 더 이상적합하지 않게 되어 수정해야 했다고 한다. 이것은 나이가 들어감에 따라 개인적인 팔레트 안에 머무르더라도 색채 참조를 다시 검토해야 할 수 있다는 것을 의미한다.

가을에는 오렌지색을 더 적게 사용하거나 일부 노란색을 덜 사용하는 경향이 있는데, 이는 오렌지색과 노란색이 어린이에게 인기가 많고 성인에게는 그렇지 않은 이유를 설명해 준다.

앞서 언급했듯이 밝기 또한 변화하는 경향이 있다. 이는 점진적이고 전반적인 밝기 변화로 나타난다. 우리는 멜라닌을 잃지는 않지만, 활성 멜라닌 세포는 줄어들고 일부는 비활성화된다. 따라서 성인이 되면 어릴 때보다는 햇빛을 덜 쬐게 되는데, 특히 얼굴이 더욱 그렇다.

나이가 들면서 피부가 반응하기 어려워지기 때문에 햇빛에 노출되는 것을 좋아하지 않기 때문이다. 눈 또한 차가워지고 멜라닌을 잃는다. 노인들은 밝은색이든 어두운색이든 모두 눈동자가 더 밝아진다.

앞서 본 바와 같이 색상 강도는 우리의 색상 밝기나 대비 수준에 따라 달라질 수 있다. 나이가 들면 색상의 밝기가 감소함에 따라 강도가 줄어든다. 피부는 불투명해지고, 치아는 에나멜을 잃으며, 공막은 덜 하얗게 된다. 여기에 흡연과 같은 몇 가지 나쁜 습관을 추가하면 밝기와 대비에 영향을 미치는 약간의 변화를 더 잘 관찰할 수 있다. 나이와 관련된 이러한 변화들은 우리가 몸을 돌보고 건강을 유지하는 데 주의를 기울이면 덜 영향을 받을 수 있다.

색채 분석에서 흔히 하는 실수들

먼저 색채 분석에서 가장 흔한 실수들과 이를 방지하는 방법에 대해 간략하게 살펴보겠다.

무엇보다 미리 가정된 가설을 무비판적으로 받아들이고 그것을 단순히 확인하기 위해 몇 가지 증거가 필요한 명제로 만드는 것은 중요하지 않다. 예를 들어 여러분이 시작하기 전에 여러 이유로 가을형에 속해 있다고 확신한다면, 여러분의 특성 각각에서 그 계절에 속하는 증거를 찾으려 할 것이다. 여러분은 평가에서 객관적이지 않기 때문에 어떤 색상이 자신에게 가장 어울리고 어떤 색상이 덜 어울리는지 알아내기가 쉽지 않다. 사실 이러한 방식으로는 불가피하게 편견을 가진 상태에서 분석이 시작된다.

가을형을 예로 들었는데, 대부분의 사람들이 쉽게 그을리거나 갈색 머리카락을 가지고 있다는 사실만으로 가을형에 속한다고 생각하기 때문이다. 가을 색상이 있다고 확신하는 사람들은 메이크업, 머리카락 및 의복에 그러한 색상을 사용하는 경향이 있다. 진실은 밖으로 드러나는 때는 언제일까? 우리가 메이크업을 지우고 머리를 가리고 다양한 색상의 천으로 테스트를 시작할 때다. 그 순간 파란색이 매우 잘 어울리고, 결코 적대적인 색상이 아니며, 강도와 대비가 예상과 다르다는 것을 알게 된다.

일반적으로 쉽게 빠질 수 있는 오류는 모두 '눈으로 보는' 평가에 기반한 것들이다. 물론 경험은 아이디어를 얻는 데 도움이 되지만, 모든 변수를 고려한 논리적인 사고에 기초해야 한다. 나는 종종 매우 단순한 평가의 오류들을 발견하는데, 대부분 다음과 같은 대략적인 분류의 결과다.

- 어두운색(검은색) 머리카락 = 겨울형
- 갈색 머리카락 = 가을형
- 밝은 금발 = 여름형
- 어두운 금발 = 봄형

이러한 분류는 언더톤, 강도 및 대비를 고려하지 않기 때문에 신뢰할 수 없다. 사실 색채 분석에서는 피부가 결정적인 역할을 하기 때문에 머리카락 색은 가려야 한다. 또한 이 분류에서는 백인을 제외한 다른 인종들을 무시하고 있다. 즉 주로 머리카락 색을 관찰함으로써 항상 피부가 밝다고 가정한다. 그리고 이것은 '중국인은 모두 겨울형이다', '아프리카인은 모두 가을형이다'와 같은 일련로 오해가 이어지게 된다.

또 다른 잘못된 접근은 밝은 피부 = 차가운 색조, 어두운 피부 = 따뜻한 색조이다. 언더톤에 대해서는 이미 다뤘던 주제이기 때문에 자세히 설명하지는 않겠지만, 여기서 강조하고 싶은 것은 이 접근 방식이 두 개의 독립 변수인 값과 언더톤을 혼동할 뿐만 아니라 강도라는 매우 중요한 한 가지를 무시하고 있다는 것이다.

이러한 전제를 바탕으로 색채 분석을 인터넷에서 배우거나 아마추어 블로그나 아마추어 분석가의 의견을 읽어보는 것만으로는 충분하지 않다. 오늘날 우리는 모든 의심을 '구글'에 물어보는 것에 익숙해졌지만, 검색 엔진의 결과는 의료, 기술 또는 전문가의 의견과는 비교할 수 없다는 것이다. 자신이 어떤 계절에 속하는지 확실히 알기 위해서는 정확한 분석을 하는 것이 유일한 방법이다. 위에서 경고했던 쉬운 함정에 빠지지 않도록 하기 위해서이다.

우리의 계절을 알아내는 방법

우리의 계절(또는 다른 사람의 계절)을 알아내기 위해서 다음과 같은 4단계로 분석을 할 수 있다.

- 조사
- 관찰
- 경험적 증거(시험적 방법)
- 논리적 추론

먼저 조사는 피부-눈-머리카락 조합에 관한 일련의 질문을 의미한다. 예를 들어 어렸을 때는 어떤 색상을 가지고 있었는지 또는 부모님의 색상은 무엇인지 등이다. 또한 피부가 햇빛에 노출되었을 때 어떻게 반응하는지, 반대로 몇 달 동안 햇빛을 받지 않을 때 외모가 어떠한지, 햇빛에 노출되는 계절과 겨울에 바뀌는 모습에 대한 것들이다. 이러한 질문들은 첫 번째로 관련된 기본적인 아이디어를 제공한다. 단, 조사 단계이므로 이러한 정보는 단서로 간주해야 한다. 그 자체로는 증거가 되지 않으며, 너무 단순하게 결론을 내리면 안 된다. 아직 초기 단계이기 때문이다.

두 번째 단계인 관찰은 얼굴 피부, 머리카락의 뿌리, 눈의 홍채와 공막, 귀, 잇몸, 치아 및 이 책의 2부에서 이야기한 다른 모든 특징들에 주의를 기울이는 것을 의미한다. 물론 관찰은 조사 결과와 함께 일정한 실마리를 제공하며, 몇 가지는 배제되기도 한다. 하지만 여러분은 어떤 문은 너무 일찍 닫아서는 안 된다.

세 번째 단계는 시험적 방법으로 다양한 천(드레이프)을 사용하는 것이다. 머리카락을 가리고 현재 입고 있는 색상을 중립화한 후 언더톤 분석을 시작한다. 얼굴 아래에 강도는 비슷하지만 언더톤이 다른 두 개의 천을 배치한다. 예를 들어 분홍색과 주황색, 스트로베리 레드와 코럴 레드, 파우더 핑크와 살구색 등을 비교한다. 보통은 빨간색으로 시작하는데, 이는 언더톤을 정의하는 데 좋은 가이드로 피부가 차가운 색과 따뜻한 색에 어떻게 반응하는지 평가한다. 빨간색 원단만으로 충분하지 않다면 두 번째 검증은 금색과 은색 드레이프를 이용한다. 은색은 차가운 언더톤에 해당하고, 금색은 따뜻한 언더톤에 해당한다. 어떤 사람들은 언더톤이 분명할 수 있지만, 또 어떤 사람들은 덜 뚜렷할 수 있다. 어떤 경우든 이것은 우리에게 중요한 기준이 된다.

색채 분석에서 계절은 네 가지로, 봄과 가을은 따뜻한 계절이고, 여름과 겨울은 차가운 계절이다. 예를 들어 언더톤이 따뜻하다는 것이 확인되면 여름과 겨울은 확실히 배제할 수 있다. 따라서 최초의 네 계절로부터 빨간색과 금색/은색 드레이프 시험을 거친 후에는 두 개의 계절만 남게 된다.

이 둘 중 어느 계절에 속하는지 어떻게 결정할까? 이 시점에서 강도가 도움이 된다. 정확한 계절이 봄인지 가을인지 알기 위해 이를 구별하는 변수를 사용한다. 둘 다 따뜻한 색상의 팔레트이지만, 봄은 선명하고 밝은 색상을 가지고 있고 가을은 더 부드럽고 흐릿한 색상을 가지고 있다. 두 팔레트에서 각각의 녹색을 사용하여 비교해 본다. 즉 봄의 풀 그린과 가을의 올리브 그린을 비교하여 강도에 대해 이야기한 장에서 언급한 조건들을 확인한다. 선명한 색상이 더 잘 어울리는 경우 가을을 배제하고 남은 계절은 봄이다. 반면 더 부드러운 색상이 더 잘 어울리는 경우 가을에 속하는 것이다.

요약해 간단한 의사결정 트리(decision tree)로 표현하면 다음과 같다.

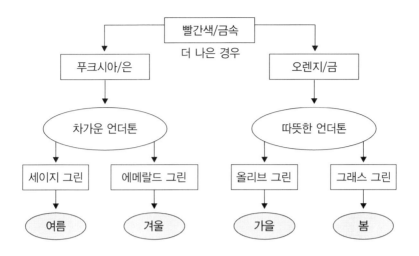

그러나 여기서 끝이 아니다. 드레이프는 경험적 증거를 제공할 뿐이며, 분석을 결론짓기 위해서는 이 방법의 가장 과학적인 부분인 네번째 부분을 참조해야 한다. 다음 페이지에 다양한 변수들을 정리하고 논리에 따라 결론에 도달하는 데 도움이 되는 카테시안 좌표가 있다. 가로축은 언더톤(차가운 또는 따뜻한), 세로축은 강도 수준(고강도 또는 저강도)을 표시한다. 이 두 변수를 교차하면 사계절이 해당하는 4개의 사분면을 얻을 수있다.

왼쪽에 차가운 계절인 겨울과 여름이 있다. 높은 강도로 인해 상단에 겨울이 있고, 낮은 강도로 인해 하단에 여름이 있다. 오른쪽에는 두 가지 따뜻한 계절인 봄과 가을이 있다. 높은 강도로 인해 상단에 봄이 있고, 낮은 강도로 인해 하단에 가을이 있다.

값과 대비에 있어서는 일반적으로 봄은 중간-높은 값과 대비를 갖고 있으며, 가을은 둘 다 중간-낮은 값을 갖고 있다. 겨울은 중간-

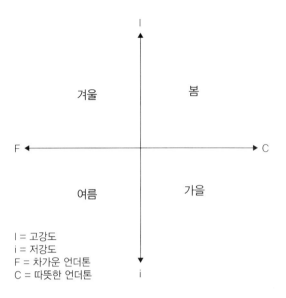

I = 고강도
i = 저강도
F = 차가운 언더톤
C = 따뜻한 언더톤

낮은 값 및 중간-높은 대비를 갖고 있으며, 여름은 중간-높은 값 및 중간-낮은 대비를 갖고 있다.

언더톤, 값 및 강도를 이야기할 때 나는 퍼스널 컬러와 팔레트 색상 둘 다 포함한다. 이런 특징들은 이전 장에서 여러 번 설명했던 유명한 반복의 원칙으로 인해 실제로 일치한다.

하위 그룹이란?

네 가지 계절의 한계에 대해서는 이미 언급했다. 모든 인간의 색상을 단지 네 가지 그룹으로 분류하는 것은 불가능하다. 그래서 이미 1990년대부터 스펙트럼을 확장하기 위해 새로운 이론들이 등장했다. 흐름 이론(Flow Theory)은 이름에서 알 수 있듯이 한 계절에서 다른 계절로 자연스럽게 흘러가는 것(영어 to flow에서 유래) 또는 최소한의 부분적인 흐름을 의미한다.

한 사람이 서로 다른 두 계절의 특성을 가질 수 있으며, 이로 인해 완전히 하나의 유형으로 정의하기가 어려울 수 있다. 이 이론을 잘 이해하기 위해서 각 계절의 특징부터 살펴보겠다. 이를 위해 편의상 다음 표에 요약해 두었다.

계절	언더톤	값	강도
봄	따뜻함(warm)	높음(light)	높음(bright)
여름	차가움(cool)	높음(light)	낮음(soft)
가을	따뜻함(warm)	낮음(deep)	낮음(soft)
겨울	차가움(cool)	낮음(deep)	높음(bright)

이 표를 카테시안 좌표에 표시하면 모든 것이 더 명료해진다.

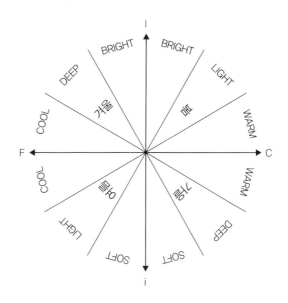

127

한눈에 알 수 있듯이 각 계절은 다른 세 계절과 경계를 이루며 언더톤, 값 및 강도 측면에서 각각 하나의 특성만 공유한다. 이 특징은 각각의 계절에 대해 하위 그룹을 형성한다. 예를 들어 겨울은 가로축인 언더톤에서 여름과 접하고, 가로축인 값에서 가을과 접하며, 세로축인 강도에서 봄과 접하고 있다. 따라서 겨울형인 사람은 부분적으로 다른 세 계절 중 하나로 흘리기 일부 경향을 보일 수 있다.

자신의 계절을 발견한 후에 다른 세 계절 중 어느 계절과 균형을 이루는지 어떻게 알 수 있을까? 이는 우리를 구별하는 가장 두드러진 특성에 따라 다르다. 어떤 사람에게는 언더톤이 가장 중요하지만, 다른 사람에게는 강도나 값이 중요할 수 있다. 이러한 메커니즘을 더 잘 이해하기 위해 또 다른 중요한 이론이 도움이 되는데, 바로 톤 이론(Tonal Theory)이다.

톤 이론은 간단히 말해 먼저 사람의 주요 특징을 고려한 후에 나머지 특징들을 더하여 해당 계절로 배치하라는 것이다.

여배우를 예시로 들어보면, 리즈 테일러(Liz Taylor)의 주요 특징은 높은 강도이다. 좌표 상단에 있는 두 개의 계절은 겨울과 봄이다. 이 여배우의 언더톤이 차갑다는 것을 고려하면 봄을 배제하고 그녀의 계절은 겨울이라고 결론을 내릴 수 있다.

또 다른 흥미로운 예는 캐서린 헵번(Katharine Hepburn)이다. 그녀의 금발 머리는 따뜻한 톤이 지배적인 특징이지만, 따뜻한 언더톤을 가진 계절은 봄과 가을뿐이다. 그녀의 강도가 특별히 높지 않음을 고려하면 그녀가 속하는 계절을 가을로 결론 내릴 수 있다.

리즈 테일러는 윈터 브라이트(winter bright)라고 할 수 있는데, 분명히 겨울의 세 가지 특성 모두를 가지고 있지만 지배적 특성은 밝음이다. 그래서 그녀는 겨울의 맨 위에 있는 밝은 영역에 위치하며, 주변의 봄과 바로 접해 있다. 마찬가지로 케서린 헵번은 가을의 따뜻한 영역에 속하는데, 봄과 인접하고 있지만 이번에는 언더톤 부분에 위치한다. 그녀가 어텀 웜(autumn warm)인 것은 가을의 다른 두 특징을 가지고 있지 않다는 뜻이 아니라, 언더톤에 비해 다른 두 특징이 덜 강조된다는 것을 의미한다.

물론 나 자신이 계절의 일부분에 속하는데 그것이 인접한 다른 계절의 일부분과 맞닿아 있다면 나의 팔레트도 어느 정도 해당 인접 계절의 영향을 받을 수 있다. 그러나 어떤 사람은 하나의 특징이 다른 두 특징보다 더 두드러져 나타나지 않고 세 가지 특징을 모두 균형 있게 갖추고 있는 순수한 또는 절대 계절일 수 있다. 이 경우에는 그 사람의 팔레트는 외부 계절에서 영향을 받지 않는다.

조금 더 기술적인 부분으로 진입하여 객관적이고 완전한 분석을 위해 필요한 내용을 살펴보았다. 이 책 3부에서 다양한 예시와 팁을 통해 계절과 하위 그룹의 주제를 더 깊이 파고들어 실제 적용 방법을 다룰 것이다.

색채 분석은 의견이 아니다

색채 분석은 다음과 같은 여러 가지 이유로 의견이 아니라고 할 수 있다. 첫째로, 경험적인 측면에서는 정확한 분석을 위해 명확한 방법이 필요하고 이 방법을 실행하는 데 특정 도구가 필요하다는 것이다. 나는 경제학 학위와 수천 건의 사례를 바탕으로 이 방법을 개발했다. 때때로 나의 내면에 있는 경제학 취향이 드러난다면 양해를 구한다. 하지만 우리가 본 틀들은 이 복잡한 분야를 지원하는 유효한 도구라고 믿는다. 목표는 이론을 더 간단하고 직관적으로 만들고 신뢰할 수 있는 객관적인 조언을 제공하여 부정확하거나 더 나쁜 결과를 최소화하는 것이다. 즉 감으로 색채 분석을 할 수는 없다.

이 주제에 대해 많은 가정을 하고 단순하고 선형적인 해결책을 제시하는 인터넷 사이트들을 종종 만나게 된다. 하지만 속지 말자. 이 주제는 매력적인 만큼 복잡하다. 실수하지 않기 위해 그리고 분석을 더 엄격하게 하기 위해, 나는 수학에 의존하여 믿고 활용한다. 수학은 의견이 아니며 색채 분석도 마찬가지다. 좌표계와 요약 표로 주제의 특성을 파악하여 부정확한 결과를 최소화한다. 온라인에서 가장 자주 접하는 질문은 "나는 어떤 계절에 속하는가?"이다. 몇몇 전문가들에게는 간결하고 빠른 답변이 가능할 수 있지만, 나의 오래된 경험과 숙련된 눈으로도 실제적인 분석을 하기 전에는 결코 확언하지 않는다. 정직한 컨설턴트는 결론을 내리기 전에 실제로 심층적인 분석을 수행한다.

분석을 객관적으로 만드는 또 다른 요소는 나의 수업을 수강하는 사람들이다. 많은 경우 분석 대상의 색상에 대해서는 수강생들이 직접 결정을 내리게 된다. 드레이프를 얼굴에 가까이 놓으면 색상 자체가 말을 한다. 결점, 피부 변색, 주름을 숨기는 순간 모든 사람이 즉시 개선 사항을 볼 수 있다. 이러한 이유로 나는 고객에게 "무엇을 좋아하십니까?"라는 질문을 하지 않고 대신 "무엇으로 더욱 좋아질까요?"라는 질문을 한다. 이것은 큰 차이다. 색채 분석은 가장 좋아하는 색상을 찾는 것이 아니라 우리를 가장 잘 보이게 하는 색상을 찾는 것이다. 따라서 드레이프를 번갈아 가며 사용하면서 대상에게 얼굴에 집중하도록 요청하고 한 색상과 다른 색상 간의 결과 차이를 관찰한다.

색상은 사람에 따라 다양한 효과를 준다. 이것이 시험을 객관적으로 만들고 색상을 상대적으로 만드는 이유다. 하나의 색은 아름다운 것일 수도 있고 나쁜 것일 수도 있다. 한 사람에게 어울리지 않는 색상이 다른 사람에게는 빛나고 잘 맞는 색상이 될 수 있다.

3부

색채 조화의
모든 계절

파올로 이야기

파올로가 내 스튜디오로 들어왔을 때, 그는 '이상한 타입'이라고 부를 수 있는 모습이었다. 당연히 좋은 의미에서 다른 사람들과는 다른 사람이었다.

파올로의 외모는 약간 무관심하고 소홀한 듯 보였는데, 오버사이즈 베이지색 스웨터에 회색 바지를 입고 머리카락은 정돈되지 않은 상태였다. 그러나 그의 태도에는 위엄이 있었고 눈빛에는 지성이 넘쳐, 그가 능력 있는 사람이라는 것을 한순간도 의심하지 않았다. 단지 약간 특별했을 뿐이다.

나는 파올로가 이미지 컨설턴트를 찾은 이유가 개인적 이유인지 아니면 직업적 이유인지 궁금했다. 약간 애매했기 때문에 더 이상 묻지는 않았지만, 파올로는 혼자 지내는 남자임에는 틀림없었다. 그는 매우 유머러스하면서 재미있기도 했지만, 항상 그의 눈에는 어떤 우울함이 보였다.

파올로는 디자인 업계의 사업가로 창조적인 면도 가지고 있었기 때문에 색채 조화에 많은 관심을 보였다. "색상 이론이 사람에게도 적용될 수 있다는 사실을 왜 먼저 왜 생각하지 못했을까요?"

색채 분석은 파올로에게 큰 발견이었고, 그는 수많은 질문을 하며 자신의 개인 팔레트뿐만 아니라 색채 조화의 전체 메커니즘을 이해하고 싶어 하는 것으로 보였다. 그는 심지어 메모도 했다. 그는 특히 색상의 감성적 측면에 관심이 있었고, 이는 나를 놀라게 했다. 파올로는 성인이 되어 학업을 시작했고 심리학 학위를 받았다. 어쨌든 즐거운 오후를 보냈고 우리는 그의 색상이 차갑고 올리브색을 띤다는 것을 알아냈다. 이제 남은 것은 옷장 분석을 하는 것이었고, 그래서 우리는 약속을 잡았다. 파올로는 일에 그의 모든 삶을 바쳐서 조금 피곤해 보였지만, 그의 패션을 분석하는 일은 계속 진행되었다.

우리가 약속한 날 나는 옷과 액세서리를 탐색하기 위해 그의 집으로 갔다. 놀랍게도 그의 아파트는 일에 빠져 혼자 사는 남자의 집이라기에는 정말 매력적이었다. 아파트는 이층으로 분리되어 있었는데, 장식이 많지 않고, 색채적으로는 중립적이었으며, 매우 잘 관리되어 있었다. 마치 파올로의 외모처럼 말이다.

우리는 즉시 옷장 작업에 착수했고, 이때야 비로소 이 신비로운 신사를 진정으로 알게 되었다. 이상하게 보일 수 있지만, 내가 본 옷장 중 가장 크고 가장 옷이 가득 찬 옷장으로 기억한다. 시리즈로 구입한 스웨터, 아직 꼬리표가 붙어 있는 우아한 슈트, 오래되거나 낡은 (일상적으로 입는) 옷 옆에 있는 값비싸고 화려한 색상의 (전혀 입지 않은) 옷 등등. 실제로 파올로는 물건을 모으는 습성이 있어 우리는 며칠에 걸쳐 작업해야 했다. 그는 아무것도 없던 시절이 떠올라 물건을 버리는 것이 싫다고 털어놓았다.

파올로의 삶은 쉽지 않았다. 그는 일찍 부모님을 여의고 아주 젊을 때 일을 시작해야 했다. 그는 다양한 직업을 거쳐 자신의 사업을 시작했지만, 두 번이나 가진 것 모두를 잃었다. 나는 그에게 어떻게 그렇게 되었는지 묻지 않았지만, 얼마나 힘들었을지 짐작할 수는 있었다. 다행히 지금은 번창하고 있는 공예 사업을 하고 있지만, 옛 상처는 여전히 남아 있었다.

진정한 목표는 그의 옷장에서 옷들을 선택하는 용기를 내는 것이었다. 과거를 완전히 뒤로 하고 자신의 이미지를 다시 찾는 것이었다. 그리고 가능하다면 자신의 삶도. 그 해답은 오직 색상에 있을 수밖에 없었다. 그것이 파올로를 매혹시킨 주제였다. 색상 팔레트를 사용하는 것을 연습하도록 하여 그가 스스로 올바른 색상과 부적절한 색상을 걸러내도록 하였고, 이렇게 하여 좋아하는 것들과 어울리지 않는 것들을 손쉽게 놓아버리게 했다. 그것이 효과가 있었다.

남은 것은 필수적이고 무엇보다 기능적인 옷장이었다. 파올로의 문제 중 하나는, 예를 들어 작업장부터 새로운 고객과의 만남까지 어떤 옷이 어울릴지를 이해하는 것이었다. 또 다른 문제는 색상 조합과 관련이 있었다. 우리는 옷을 일하는 기준과 특히 색상별로 나누어 포스트잇과 색상 팔레트를 옷장에 붙여놓았다. 이후에 어려움이 없도록 하기 위해서였지만, 무엇보다 조금이나마 돌봐줄 사람이 필요하다고 느꼈기 때문이었다.

쇼핑을 할 필요는 없었다. 옷장은 이미 넘치도록 꽉 차 있었다. 그러나 특히 내 마음에 걸리는 것이 있었는데, 파올로 같은 신사가 그런 망가진 구두를 신고 돌아다닐 수는 없다는 거였다. 그는 새 구두를 한 켤레 꼭 사야 했다. 그래서 우리는 함께 구두를 사러 갔고, 그 기회를 이용하여 안경점을 들러보라고 제안했다. 파올로는 한 번도 안경을 쓰지 않았으며 노안용 안경을 착용할 생각도 없었지만, 이제는 필요하게 되었다. 그래서 선택하기가 매우 복잡했는데, 우리는 정말 많은 모델의 안경을 보았고 나는 시험 삼아 "이 빨간색 테 안경을 써 봅시다. 화사하고 생동감 있고 창의적이기도 하네요"라고 추천했다. 파올로는 그 안경을 마음에 들어 했고 또 잘 어울렸지만 구입할 용기가 없었고, 나는 강요하지 않았다.

우리는 멋진 헤어스타일도 찾았다. 헤어스타일리스트와 5주마다 만나서 자라는 것을 조절하기로 합의했다. 마침내 파올로는 자신만의 멋진 모습을 보였는데, 이는 타고난 모습이었고 또한 그가 숨기고 억제하려고 하던 모습이었다.

안경만 아직 해결되지 않은 상태였는데, 우리가 함께 보았던 그 빨간색 테 안경을 쓰고 내 앞에 나타났다. "네, 결국 이 안경을 샀어요. 정말 마음에 들어요. 그리고 회사에서도 모두가 알아봤어요. 그건 그렇고, 운동도 다시 시작했어요."

우리의 과정은 이제 끝났지만 나는 파올로의 이 새로운 에너지가 마음에 들었다. 오버사이즈 베이지색 스웨터는 완전히 사라지고 멋진 블루 재킷과 세련된 보르도 색상의 슬림한 스웨터로 대체되었다. 파올로는 여전히 특별한 신사였지만, 이제 그의 외모는 더 많은 활력을 전달하고 있었다.

파올로는 자신을 잘 드러내지 않는 사람이었기 때문에 몇 년 동안 그에게서 소식을 듣지 못했다. 그러던 중 몇 달 전, 그에게서 그의 결혼식 사진이 첨부된 메시지를 받았다. 삶은 색상으로 시작하고, 그 이후의 모든 것은 바로 이 삶이 결정한다.

겨울형

겨울형의 특성

먼저 겨울형부터 시작해 보자. 다음 그래프를 보면 겨울형의 특성은 차가운 언더톤 및 높은 강도이다. 왼쪽 상단의 사분면에 위치해 있다.

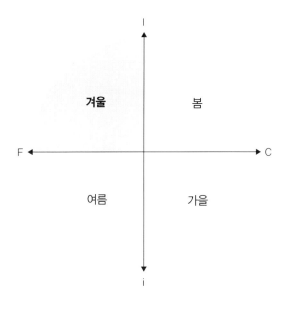

이 특성에는 중간-낮은 색상 복합 값을 추가해야 한다. 이들은 일반적으로 중간 어두운 값에서 매우 어두운 값까지 변화한다. 마지막으로 피부-눈-머리카락 조합에서 중간-높은 대비가 있다. 이 대비 수준은 이러한 특성을 가진 사람들은 흑백 사진이 잘 나온다는 것을 설명해 준다.

밝음이 항상 치기움을 뜻하지 않고, 이두움이 항싱 띠뜻힘을 뜻하지 않는다는 것을 기억하라. 겨울의 경우 언더톤은 항상 차갑지만 피부는 중국 영화배우 판빙빙(Fan Bingbing)처럼 우윳빛일 수도, 조니 뎁(Johnny Depp)처럼 올리브색을 띨 수도 있고, 미국 여배우 비올라 데이비스(Viola Davis)처럼 매우 어두울 수도 있다.

값은 많이 다를 수 있으며 오버톤 역시 마찬가지다. 어떤 사람들은, 예를 들어 앤 헤서웨이(Anne Hathaway)와 같이 더 장밋빛 톤을 보이고, 또 어떤 사람들은 멕시코 출신의 미국인 에바 롱고리아(Eva Longoria)처럼 흐릿하게 노란색을 띤다. 전자의 경우 햇빛에 의해 피부가 쉽게 붉어지고 주근깨가 생기기도 한다. 반면 후자의 경우 노란색이나 올리브색 또는 매우 어두운 오버톤은 어려움 없이 또한 일관되게 태닝이 된다.

피부의 경우 겨울형은 통계적으로 눈 아래의 그늘이 강조되는 경향이 있다. 다른 사람들도 이 문제를 겪지만, 겨울형의 경우 젊을 때부터든 나이가 들어서든 색소침착이 더 눈에 띌 수 있다. 또 다른 반복되는 특성은 입술, 잇몸 및 기타 점막이 자주색 또는 매우 어두운색을 띤다는 것이다. 물론 이러한 특징들은 모두가 아닌 일부 사람들에게만 나타난다.

겨울형의 머리카락 색은 영화배우 키아누 리브스(Keanu Reeves)의 애쉬 브라운에서 키트 해링턴(Kit Harington)의 칠흑 같은 검은색까지 다양하다. 어떤 경우든 자연스러운 황금색 또는 구리색 음영은 가지고 있지 않다.

머리카락을 염색하고 염료가 빠져나가면서 머리카락이 심한 자주색 또는 보라색 테두리를 갖게 되는 일이 정기적으로 발생한다. 이 상황에 대처하는 방법은 머리카락이 다시 자라는 것을 기다리면서 안티레드 샴푸를 사용하는 것이다. 만약 여러분의 머리카락이 이런 상황에 처해진다면 여러분은 겨울형일 가능성이 높다. 이것이 이 계절의 전향적인 반응이기 때문이다.

하지만 겨울형의 머리카락은 큰 장점도 갖고 있다. 흰머리가 되거나 소금과 후추형 머리카락인 경우 그것은 순백색이나 우아한 회색이 된다. 그들은 오히려 따뜻한 색 특유의 노란 테두리가 없다.

머리카락을 흰색으로 두는 것은 겨울형에 특히 잘 어울리는 선택이다. 흰머리를 갖고 있는 많은 남성들은 자신이 젊었을 때보다 더 아름답고 매력적이라고 말한다. 예를 들어 조지 클루니(George Clooney)는 처음 연기를 할 때보다 현재가 훨씬 더 아름답고 매력적이다. 일부 겨울형 남성들은 흰 수염을 백발과 조화를 이루게 기른 다음 눈썹을 갈색으로 염색하여 대비와 강렬함을 잃지 않도록 한다. 이로 인해 숀 코너리(Sean Connery)와 같은 효과가 나타날 수 있다

눈의 경우 어두운 홍채는 갈색, 희미한 아마란스 색 또는 헤이즐넛 색이 될 수 있지만, 매우 어둡고 깊은 색상일 수도 있다. 보통 검은 눈은 흰 공막과 멋진 대비를 만들기 때문에 시선이 특히 날카로워 보

인다. 이러한 눈의 예로 켄달 제너(Kendall Jenner)의 눈을 들 수 있다. 홍채가 밝은 톤, 녹색, 파란색 또는 회색 값을 갖는 것은 희귀하고 운이 좋은 경우다. 리즈 테일러(Liz Taylor)의 보라색 눈을 생각해 보라. 이는 분명 영화 역사에 있어 가장 아름다운 예 중 하나다.

다음 단락에서는 겨울형의 하위 그룹을 검토할 것이다. 이를 통해 세부 사항을 더 자세히 살펴보고 서로 다른 유형 간의 중요한 차이를 파악할 수 있다.

겨울형의 하위 그룹과 절대 계절

겨울형에 속하는 모든 사람들은 중간-어두운(deep) 값, 차가운(cool) 언더톤 및 중간-높은 강도(bright)의 특성을 갖는다.

이 특성의 하나가 다른 특성들에 비해 지배적이라면 그 지배적인 특성의 이름을 딴 해당 하위 그룹에 속하게 된다. 겨울형의 경우 하위 그룹에 윈터 딥(winter deep), 윈터 쿨(winter cool) 및 윈터 브라이트(winter bright)가 있다.

그러나 동일한 세 가지 특성을 가질 경우 백분율로 33%-33%-33%라고 할 수 있는데, 이는 순수한 팔레트를 말한다. 이 특성들 중 하나가 특별히 우세하지 않기 때문에 다른 계절과 혼합되지 않을 것이며, 이 경우 우리는 절대 겨울이라고 한다.

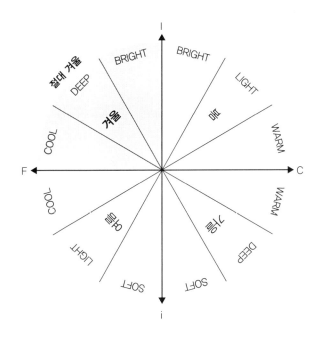

윈터 딥(winter deep): 깊은 (또는 어두운) 겨울형

가장 어려운 분류 중 하나로, 처음 보면 가을형과 닮아 보일 수 있다. 피부는 어둡고 햇빛에 쉽게 그을리며 오버톤은 옅은 노란색을 띨 수 있지만, 얼굴 아래에 드레이프로 테스트를 해보면 차이를 알 수 있다.

윈터 딥은 검은색과 어두운 파란색을 매우 잘 어울리게 하는데, 이러한 색상은 어떤 가을형에서는 죽음의 표현이 될 수 있다. 이러한 검은색의 차이는 메이크업과 헤어 컬러링에도 영향을 미친다. 만약 윈터 딥이 뷰티 분야에서 검은색을 잘 어울리게 한다면 가을에는 중대한 실수가 될 것이다. 이 하위 그룹의 좋은 예는 빅토리아 베컴(Victoria Beckham), 페넬로페 크루즈(Penélope Cruz), 루피타 뇽오(Lupita Nyong'o)이다. 이들은 언더톤은 다 따뜻해 보일 수 있지만, 가

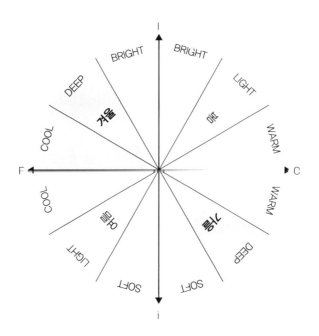

을형이라고 하기에는 검은색이 너무 잘 어울린다.

이 하위 그룹은 또한 피부-눈-머리카락 사이에 중간-낮은 대비를 보이지만 가을 혼합이 균질하게 유지되는 반면, 윈터 딥은 매우 흰 공막이나 밝고 어두운 다른 요소들을 가지고 있기 때문에 대비와 강도가 특징이다.

이러한 서로 다른 언더톤 분류 간의 유사성을 어떻게 설명할 수 있을까? 지배적인 특성은 깊이이지 온도가 아니다. 따라서 이들은 틀림없이 가깝지만 명확한 선으로 잘 구분되어 있다는 것을 잊지 마라.

그럼에도 불구하고 이 두 계절 간의 유사성으로 인해 윈터 딥은 어텀 딥(autumn deep) 쪽으로 약간 기울어질 수 있으며, 이들은 어두운 색상인 청록색 같은 몇 가지 색상을 공유한다. 실제로 그래프에서 볼 수 있는 2개의 딥 섹션은 이 하위 그룹을 공유하는 두 계절에 대한 '자유 영역'이 된다.

윈터 쿨(winter cool): 차가운 겨울형

겨울형 중에서 가장 낮은 강도의 범위다. 주로 갈색 머리카락을 가진 사람들이며, 피부는 겨울에 중간 또는 매우 밝을 수 있고, 눈은 갈색 또는 회색조일 수 있다. 경험이 부족한 사람들은 갈색 머리카락 때문에 가을형으로 오해할 수 있지만, 앞서 여러 번 언급했듯이 피부가 지배적인 요소이기 때문에 차가운 또는 청자색 피부톤이 그래프 왼쪽을 가리킨다. 나탈리 포트먼(Natalie Portman)과 톰 크루즈(Tom Cruise) 같은 배우들이 좋은 예다.

이 하위 그룹에 속하는 사람들은 보라색과 오렌지색 중 하나를 선

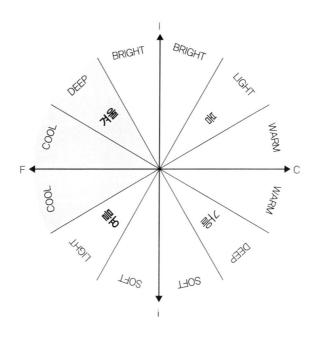

택해야 할 때 의심의 여지가 없다. 따뜻한 오렌지 색조는 확실히 적대적이다.

하위 그룹 계절형은 상당히 섬세한 색상을 가지고 있으며, 이러한 이유로 검은색을 그다지 좋아하지 않고 파란색을 훨씬 선호한다. 머리카락 염색도 마찬가지로 어두운 색상은 대비를 향상시킬 수 있다. 특히 위노나 라이더(Winona Ryder)처럼 약간 어두운 스타일의 경우에는 가능하지만, 다른 경우에는 차가운 갈색이 최선의 선택이다. 이 범주에는 중간 정도의 회갈색도 포함되며, 이러한 경우 차가운 특징의 우세함으로 인해 머리카락을 더욱 밝게 할 수 있다. 이 경우 여름 팔레트에 가까워지지만 중간-높은 강도는 여전히 겨울 팔레트에 남아 있음을 의미한다.

메이크업에 대해서는 검은색은 너무 진하고 갈색은 너무 따뜻하게 느껴진다. 적절한 절충안은 회색과 차가운 갈색 범위인데, 분홍색이나 자두색이 약간 들어갈 수도 있다.

유능한 메이크업 아티스트는 따뜻하고 중간 정도의 메이크업을 시도할 수 있지만, 전문가가 아닌 이상 브론즈나 오렌지색 유혹에 넘어가지 않도록 주의하는 것이 좋다.

강도에 있어서 이 하위 그룹은 더 유연하지만, 무시할 수 없는 것은 차가운 언더톤이다. 여름 팔레트로 약간 넘어가더라도 여전히 시원한 특징이 주도하는데, 이는 밝고 섬세한 섬머 쿨(summer cool)의 색조들을 포함하기 때문이다.

윈터 쿨과 섬머 쿨은 언더톤 경계선에서 만나는데, 이는 많은 종류의 파란색뿐만 아니라 일부 녹색과 보라색도 공유할 수 있음을 의미한다. 섬머 쿨의 언더톤 영역으로의 이동(흐름 이론을 기억하라!)은 이 하위 그룹이 일부 파스텔 톤을 가진 색상과도 잘 어울리는 이유를 설명해 준다. 물론 항상 차가운 톤이다.

윈터 브라이트(winter bright): 밝은 겨울형

이 하위 그룹의 특징은 밝음, 즉 높은 대비와 높은 강도가 함께 있다는 것이다. 이는 차가운 언더톤, 중간-낮은 값, 매우 높은 강도 및 대비 등과 같은 특성을 볼 수 있는 희귀한 색상 조합에서 비롯된다. 실제로 이들은 보석처럼 반짝이는 눈을 가졌는데, 녹색이나 파란색 중 어느 쪽이든 확실히 반짝이며 주변과 대비가 크다. 영화배우 리브 타일러(Liv Tyler)와 호아킨 피닉스(Joaquin Phoenix)가 좋은 예다.

이 범주에 속하는 사람을 다른 사람과 구별하는 것은 퍼스널 컬러

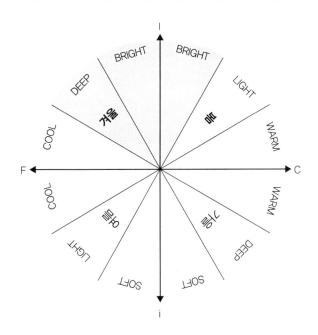

의 밝기뿐만 아니라 그들을 돋보이게 하는 색상의 밝기도 포함된다. 실제로 이들 중 소수는 형광색 및 더 밝은 색조를 사용할 수 있다. 물론 이들은 겨울의 모든 특성을 대변하고, 이러한 이유로 검은색과 차갑고 깊은 색조가 잘 어울린다. 하지만 계절 팔레트 내에서, 다시 말해 겨울 팔레트 내에서 특히 밝은 색상을 선호한다. 분홍색에서 에메랄드 그린, 레몬 옐로까지 다양한 화려한 색조가 포함된다.

메이크업의 경우 높은 대비로 인해 가장 강렬하고 밝은 립스틱을 발라도 매우 우아하다. 대신 눈에는 검은색과 회색뿐만 아니라 홍채의 보충색으로서 보라색 범위도 사용할 수 있다.

높은 대비는 머리카락을 더 어둡게 염색하여 인위적으로 강조할 수 있다. 영화배우 메간 폭스(Megan Fox)나 가수 케이티 페리(Katy Perry)를 생각해 보면 중간 갈색에서 진한 갈색으로 전환하는 것은 성공적인 전략이었다.

남성들은 검은색 수염을 자라게 두거나 헤어젤을 사용하여 대비를 강조할 수 있다. 스타일링 제품을 사용하면 젖은 효과 덕분에 머리카락을 더 어둡게 보이게 할 수 있다. 이탈리아 축구 선수 잔루이지 부폰(Gianluigi Buffon)이 좋은 예다.

언더톤은 매우 중요하지만 이 경우 강도가 더 중요하다. 그렇기 때문에 이 하위 그룹은 그래프에서 조금 오른쪽으로 이동해서 스프링 브라이트(spring bright)로 미끄러져 들어간다. 이렇게 함으로써 민트 그린, 터키석, 몰디브 블루와 같은 다른 밝은 색상을 활용할 수 있다. 이것들은 그래프의 밝은 영역에서 공유되는 색상 중 일부에 불과하다.

이 두 그룹을 분리하는 것은 언더톤이고, 이들을 통합하는 것은 밝기의 주요 특성이다. 윈터 브라이트인 사람은 차갑고 칙칙한 회색보다는 따뜻하지만 멋진 잔디 녹색을 선호한다.

절대 겨울형

절대 겨울형의 특징은 기본적으로 예외 없이 해당 계절의 기본 특징과 일치한다. 이는 인접한 세 계절 중 어느 계절로도 '미끄러져 들어가지' 않기 때문이다.

값은 낮고, 피부는 올리브색을 띠며, 햇빛에 노출되지 않으면 장밋빛이 아닌 컴팩트한 상태로 밝아지는 경향이 있다. 머리카락은 어두우며 검은색일 수도 있다. 눈은 일반적으로 갈색이다. 가장 두드러진 예로는 변호사 아말 클루니(Amal Clooney)와 영화배우 오드리 토투(Audrey Tautou)가 있다. 언더톤은 차갑고 푸르스름한 색을 기반으로 한 달빛 색상을 필요로 하지만 강도는 높은 상태를 유지하며, 이는 적절한 대비와 전반적인 색상의 깊이 때문이다.

이 카테고리에 속하는 사람들은 위에서 언급한 모든 특징을 가지고 있으며, 각각의 하위 그룹에서도 예외는 없다. 머리카락에 관해서는 흰머리를 가리기 위해 염색이 필요한 경우를 제외하고는 자연스러운 색상을 유지하는 것을 권장한다. 가끔 변화를 원하는 경우도 있겠지만, 새로운 헤어스타일에 집중하는 편이 낫다.

이 경우 가장 좋은 염색은 자연이 제공하는 색이다. 일반적으로 회색이나 중간 정도의 색이 아닌 깊고 어두운색이 좋다. 나는 절대 겨울형인 사람이 타고난 머리카락이라고 말할 때마다 놀라곤 한다.

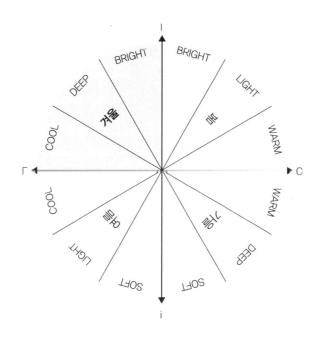

겨울형 옷장: 친근한 색상과 적대적인 색상

반복의 원칙에 따라 겨울 팔레트의 색상은 겨울형과 동일한 특성을 갖는다. 따라서 깊고 차가우며 밝게 빛나는 색상이 될 것이다. 기본 옷장은 캡슐 옷장(capsule wardrobe)과 마찬가지로 검은색으로 구성할 수 있다. 특히 쿨 하위 그룹에는 파란색이 유효한 대안이며, 회색은 차콜이나 깊고 진한 회색만 효과가 있고 흐릿한 회색은 피해야 한다.

이 팔레트의 빨간색은 신중하게 선택해야 하며 오렌지 색조는 피하는 것이 좋다. 딸기, 아마레나(블랙 체리), 라즈베리, 블랙베리 등 산딸기류 과일들의 색조 쪽으로 방향을 잡는다. 이 색상들은 언제나 약간의 파란색 톤을 가지고 있어 보라색 방향으로 기울여져 있어야 한다.

다른 권장 색상으로는 차가운 소나무색, 페트롤 블루 또는 에메랄드 그린이 있다. 노란색은 팔레트에서 아주 조금만 등장하는데, 레몬색과 라임색 같이 더 생동감 있는 노란색이다. 적대적인 색상으로는 베이지색, 갈색, 그리고 머스터드 색에서 테라코타 색에 이르는 모든 옐로 계조와 함께 오렌지색과 연어색이 있다. 실제로 친근한 색상은 차갑고 밝게 빛나며, 적대적인 색상은 따뜻하고 차분하다.

캐주얼한 옷차림에 대한 팁을 찾는 남성들에게는 베이지색 팬츠를 비슷하지만 더 차가운 아이스 컬러로 교체하는 것을 추천한다. 특히 블루 재킷과 함께 매치하면 캐주얼하면서 시크한 스타일을 완성할 수 있다. 이 색상은 구두나 모카신과 같은 액세서리에도 적합하다.

업무복에 있어서 겨울형 남성은 확실히 운이 좋다. 검은색 액세서리, 흰색 와이셔츠와 조화를 이룬 파란색 또는 어두운 회색 클래식 슈트는 가장 보편적이고 팔레트에 완벽하게 어울린다. 시원하고 깊은 톤의 넥타이를 선택하면 완성된다. 내가 가장 좋아하는 것은 네이비 블루 정장에 버건디 색의 넥타이다.

가장 효과적인 패턴은 대조적인 패턴으로, 특히 블랙 베이스로 된 패턴, 점이나 격자 무늬, 바둑판 무늬(pied-de-poule), 네이비 스트라이프와 같은 클래식한 블루 패턴이 잘 작동한다. 물론 사람의 대비가 높을수록 패턴과 조화를 이루는 대비도 높아야 한다.

여성의 옷장도 마찬가지로 간단하다. 파란색 또는 검은색 정장 및 튜브 드레스가 좋다. 재킷 안의 블라우스와 셔츠는 더 차갑고 결정적인 색상을 사용하거나 안정감 있는 흰색으로 선택할 수 있다. 그러나 아이보리색은 피해야 한다.

특별한 행사의 경우에는 검은색 이브닝드레스도 문제가 없을 것이다. 흥미로운 대안으로는 페트롤 블루, 주홍색, 인디고 등의 색상이 있다. 더 밝고 섬세한 색상을 요구하는 주간 행사를 위해서는 밝고 차가운 변형을 선택할 수 있다. 이를 영국에서는 아이시(icy, 얼음)라고 표현한다.

각각의 개인은 자신만의 특별한 색깔이 있다. 딥 하위 그룹에는 검은색과 미드나잇 블루, 쿨 하위 그룹에는 모든 종류의 블루 색조, 브라이트 하위 그룹에는 에메랄드 그린과 보라색이 그것이다. 절대 겨울형은 특별히 선호하는 색상이 없으며 모든 팔레트와 잘 어울린다.

겨울형을 위한 액세서리와 머스트 해브

신발, 가방 및 가죽제품 분야에서는 검은색은 인기가 있다. 강한 색상에 관해서는 흰색은 물론 흑백 조합이 매우 적절하다고 본다. 흑백이나 흰색과 파란색 조합을 사용하기로 한다면 벨트나 스카프 등 뭐든 빨간색으로 분리해 주기를 권하는데, 당연히 항상 차가운 색이어야 한다.

나는 레몬 옐로와 네이비 블루, 그리고 녹색과 보라색의 조합이 잘 어울린다고 생각한다. 에메랄드 그린과 일렉트릭 블루의 조합도 매력적이다. 그러나 이를 너무 강력하게 받아들이지는 말자. 각 팔레트 내에서 색상 조합은 무한할 수 있다. 가장 대담한 조합은 특히 밝기가 주요 특징인 유형에 어울리며, 그 특성상 대비에 관심이 많을 것이다.

많은 겨울형 사람들은 동물무늬를 좋아하며 종종 나에게 팔레트에서 동물무늬를 어떻게 조화시키는지 조언을 구하기도 한다. 강한 검은색 기반의 도트 무늬를 선택하고 이를 검은색과 자연스럽게 조합할 수 있다. 유효한 대안으로는 얼룩말 무늬가 있으며, 전형적인 대비를 가지고 있거나 일반적으로 팔레트 내 색상으로 얼룩말 무늬의 변형을 선택할 수 있다. 예를 들어 보라색으로 가능하다.

특히 누드 색상의 신발은 다리를 길게 해주는 힘 때문에 높이 평가된다. 누드에도 차가운 버전과 따뜻한 버전이 있다. 이 경우 누드 색상을 파우더 핑크 색조 위에 사용할 것을 권한다.

액세서리의 경우 다음 두 가지 이유로 역시 베이지색을 피하는 것이 좋다. 첫째, 나머지 의상과 조화를 이루지 못하기 때문이다. 의상은 대개 차가운 색으로 조화되어 있다. 둘째, 작은 세부 사항에서 색상의 힘을 과소평가하지 않아야 하기 때문이다. 베이지색 샌들을 신은 발의 색이나 오렌지색 매니큐어를 칠한 손의 색을 살펴보면 깨달을 수 있을 것이다.

겨울형을 위해 베이지색을 대체할 수 있는 또 다른 색상은 아이스 컬러이다. 앞서 의상에서 아이스 컬러를 보았지만, 액세서리에 있어서도 역시 특히 여름 바닷가에서는 최고의 선택이다.

안경은 중요한 전략적 요소다. 얼굴 중앙에 위치하여 시선을 감싸며, 거울에 비칠 때 적절한 무늬 또는 메탈 디테일이 나타난다. 거울

형태나 실버톤의 메탈 디테일을 가진 프레임을 자유롭게 선택할 수 있다. 아세테이트 재질의 프레임은 차가운 색상과 깊은 색상 사이에서 자유롭게 선택할 수 있다. 이 분류의 가장 클래식한 선글라스 프레임은 검은색, 흰색 또는 대비를 이룬 색상이다. 안경테는 검정, 파랑 또는 보라색일 수 있다(의상과 조화되는 것을 두려워하지 마라. 모든 것을 허니의 팔레트로 조회시기고 있다).

클래식한 스타일을 유지하면서도 조금 더 밝은 느낌을 원한다면 안경 내부에 투명한 또는 더 밝은색의 층이 있는 것을 시도해 보는 것도 좋다. 바깥에서는 잘 보이지 않지만 내부에서는 더 큰 밝기를 느낄 수 있을 것이다.

빨간색 안경테를 과소평가하지 마라. 매우 전략적일 수 있다. 몇 년 전 나는 겨울형 고객 중 한 명과 함께 안경을 고르기 위해 동행한 적이 있다. 우리는 팔레트의 모든 대안을 샅샅이 검토했는데, 스트로베리 레드와 클래식 블랙 사이에서 결정을 하지 못하고 있었다. 나는 빨간색이 좋았고 고객은 검은색에 더 관심이 많았기 때문에, 결국 번갈아 사용할 생각으로 두 가지를 모두 구매했다. 시간이 지나서 그 고객은 빨간색 안경테를 훨씬 더 많이 사용한다고 고백했는데, 더 밝기 때문만이 아니라 자신의 약점이라고 생각했던 입을 강조할 수 있어 립스틱을 덜 사용하고 있었는데 안경테가 어느 정도 립스틱을 대체하기 때문이라고 했다. 빨간색 안경테는 밝은 립스틱처럼 그녀를 돋보이게 해주었지만, 얼굴의 약점을 강조하지는 않았다.

이 범주의 기본 금속은 실버, 화이트 골드 및 백금(플래티넘)이다. 옐로 골드는 특히 윈터 딥과 절대 겨울형에서는 저속해지는 경향이 있기 때문에 권하지 않는다. 보석은 차갑고 밝은 색조의 팔레트를 따른다. 다이아몬드, 사파이어, 에메랄드 및 루비가 가장 돋보이는 보석이다. 자수정과 검은색 오닉스도 보석과 조화를 이룰 수 있는데, 특히 다이아몬드나 화이트 스톤과 대비되는 효과가 있다. 진주의 경우 흰색 또는 어두운 회색 진주를 권한다. 크림 색상 진주 및 더 따뜻하고 차분한 명암을 가진 모든 진주는 덜 돋보이기 때문이다.

겨울형을 위한 미용(뷰티): 메이크업, 머리카락 등

겨울형을 위한 미용에 관해 이야기할 때 가장 중요한 것은 파운데이션의 선택이다. 피부톤에 대한 가장 다양한 선택이기 때문이다. 여기서는 단순화를 위해 언더톤에 집중하며 세 가지 대분류로 구분한다. 밝은 분홍색 기반의 피부는 핑크 베이스 파운데이션을 선호하는데, 부분적으로 발생하는 붉은 기미를 완화시킬 수 있는 녹색 컨실러가 도움을 줄 수 있다. 밝고 차가운 피부이지만 오버톤이 옅은 노란색을 띤다면 메이크업 기초 제품으로 허니톤을 선택하면 피부톤을 부각시킬 수 있다. 하지만 자연적인 언더톤과 비교해서 피부를 따뜻하게 하거나 변형시키지 않는다. 마지막으로 올리브색 피부나 검고 차가운 피부는 보색을 사용하여 간단히 보정하거나 완화시켜야 한다. 이런 용도로 중성적인 파운데이션이나 올리브톤 보정용 파운데이션을 사용할 수 있는데, 이들은 베이스 컬러의 균형을 맞추고 조화롭게 만들어 준다.

따뜻한 효과를 내는 브론징 파우더나 피부에 오렌지색 빛을 줄 수 있는 제품 사용은 권장하지 않는다. 만약 얼굴 아래의 드레이프에서 오렌지색이 작동하지 않는다면 얼굴 위의 제품에서도 작동할 가능성이 적다. 컨투어링(contouring, 윤곽 형성)을 좋아하고 명암을 생성하여 윤곽을 뚜렷하게 표현하고자 한다면 파우더와 동일한 기능을 가지고 있지만 브론징 효과는 없는 치크용 파우더도 선택할 수 있다.

블러셔에 관해서는 보라색 계통의 색상이 가장 좋다. 핑크색도 가능하지만 1980년대 룩 효과를 피하려면 조심해야 한다. 밝은 하위 그룹은 더 밝은 핑크색을 선택하는 것도 가능하다.

눈 메이크업의 경우 강렬한 룩을 원한다면 블랙이 잘 어울리는 운이 좋은 소수이거나, 또는 대안으로 미드나잇 블루나 진한 회색도 좋을 것이다. 중간 색상으로 플럼(짙은 보라색)이 아주 잘 어울리는데, 이것은 회색과 블루의 조합으로 강하지만 부드럽고 뚜렷하지만 우아하다. 이와 같은 중간 색상을 사용하면 겨울형에 매우 잘 어울린다.

더 섬세한 쿨 하위 그룹은 검은색보다 차가운 갈색, 파란색 및 검은색에 비해 더 부드럽고 어둡지 않은 톤들로 잘 표현된다. 반대로 맑고 밝게 빛나는 눈으로 정확히 구별되는 브라이트 하위 그룹은 보라색과 같은 보색을 사용해 볼 수 있다. 여름에는 색상을 자유롭게 선택할 수 있다. 일렉트릭 블루 또는 여러분의 팔레트에 있는 다른 밝은 색상을 권한다. 그 효과는 정말 매력적이다.

입술의 경우 립스틱 색조가 오렌지색이 아니며, 강도가 피부-눈-머리카락의 조합에서 대조와 균형을 이루도록 주의해야 한다. 색상 선택에 대해서는 자연스러운 룩을 원하는 경우 보라색이나 라벤더

색을 고려할 수 있으며, 조금 더 강렬한 룩을 원한다면 라즈베리나 크림색을 선택할 수 있고, 또한 체리색 또는 검은색은 다크한 효과를 줄 수 있다.

머리카락의 경우 겨울형의 머리카락은 자연스러운 색상을 특징으로 하는데, 차가운 짙은 갈색에서 진한 검은색까지 다양하다. 윈터 딥은 어텀 딥과 가까이 있기 때문에 약간의 염색이 가능하지만, 너무 따뜻하거나 개암나무색(밝은 갈색)이 되지 않도록 주의해야 한다. 에바 롱고리아나(Eva Longoria)나 페넬로페 크루즈(Penélope Cruz) 같은 배우들의 헤어 컬러를 참고하면 좋다.

윈터 쿨은 중간 색조 및 너무 강하지 않은 색조를 선호한다. 차가운 피부는 오렌지나 마호가니 색이 아닌 차가운 색을 원한다. 강도 및 대비에 따라, 또한 개인 스타일에 따라 밝은 갈색에서 어두운 갈색까지 사용할 수 있다. 루니 마라(Rooney Mara)와 같은 배우의 헤어 컬러를 참고해 보는 것이 도움이 될 수 있다. 그녀는 다양한 헤어 컬러를 시도해 본 배우 중 하나로, 그녀의 다양한 룩을 관찰하면 얼굴과 외모가 얼마나 변하는지 알 수 있다.

윈터 브라이트의 경우 염색할 때마다 점차 어두워질 수 있으며 그 효과는 놀랍다.

모든 겨울형의 하위 그룹에 적용되는 사항 중 하나는 보라색, 백금 또는 일렉트릭 블루와 같은 대담한 색상 선택에 관한 것이다. 모든 색상이 가능한데, 차갑고 선명한 색이고 피부가 밝고 햇빛에 타지 않는 상태를 유지해야 한다.

가을형

가을형의 특성

이탈리아에서 가을형은 겨울형에 비해 그 수가 적다. 처음으로 사계절 색상 분석을 접하는 사람들은 그 반대일 것이라고 생각할 수 있지만, 실제로는 그렇지 않다.

이 계절에서 언더톤은 따뜻하고 강도는 낮다. 따라서 가을형은 다음 그래프의 오른쪽 아래 사분면에 위치한다.

가을형과 겨울형은 공통적으로 중간에서 낮은 값을 가지고 있다. 피부-눈-머리카락의 명암 대비도 일반적으로 낮거나 매우 낮다. 가을형의 언더톤은 항상 따뜻한데, 칼리스타 플록하트(Calista Flockhart)와 같이 피부가 상대적으로 밝을 때에도, 제시카 알바(Jessica Alba) 또는 비욘세(Beyoncé)와 같이 피부가 어두울 때에도 항상 따뜻한 색조다.

값은 변할 수 있지만, 오버톤은 더 노란 색조에서 상당히 일정하

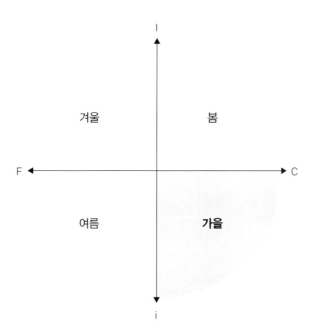

게 유지된다. 예외적으로 앞서 언더톤에 관한 내용에서 보았듯이 빨
간색 머리카락을 한 사람들은 종종 핑크빛 오버톤을 가질 수 있지만
언제나 따뜻한 색조에 속한다. 따라서 자연적으로 빨간색 머리카락
을 가진 사람들은 가을이나 봄, 즉 그래프 오른쪽의 두 계절에만 속할
수 있다.

　빨간색을 제외한 모든 가을형은 문제없이 태닝이 되는 경향이 있
다. 가을형은 긴 겨울이 지나도 절대로 우윳빛 또는 회색빛 피부를 갖
지 않는다.

　이 계절에 속하는 사람들은 피부색이 자연스러운 노란색이라 다
크서클이 눈에 덜 띈다. 이러한 노란 색조가 눈 아래의 푸르스름한 색
소침착을 보완하여 눈 아래와 얼굴의 나머지 부분 간의 대비를 덜 명

확하게 해주기 때문이다.

물론 가을형 사람들도 피곤할 때는 다크서클이 약간 생기지만, 보통 젊을 때는 다크서클을 없애줄 제품 없이도 잘 견딜 수 있다. 그러나 시간이 흐르면서 사정이 약간 달라져, 이전에는 가끔 필요했던 보정 제품이 이 계절에 속하는 사람에게도 더 필요하게 된다.

입술, 잇몸 및 기타 점막의 색소침착에 관해서는 보라색보다는 디복숭아 핑크라고 할 수 있다. 귀는 일반적으로 노란색을 띠거나 황토색이며, 차가운 색을 가진 사람에게 발생하는 것과 달리 쉽게 염증이 생기지 않는다.

가을형의 머리카락은 니콜 리치(Nicole Richie)의 짙은 금발에서 마달리나 기니어(Madalina Ghenea)의 매우 어두운 갈색 머리, 줄리안 무어(Julianne Moore)의 적갈색까지 다양할 수 있다. 확실한 것은 그들이 항상 황금빛 기운을 풍기며 칠흑 같은 검은색에는 이르지 않는다는 것이다.

머리카락 염색이 빠지면 색상은 더 탁해지고 분명히 덜 아름답지만, 겨울형에서 발생할 수 있는 것과는 달리 끔찍한 보랏빛 빨간색으로 변하지는 않는다.

가을형의 경우 상대적으로 더 늦게 흰머리가 생기는데, 이것은 커다란 행운이다. 그러나 문제는 흰머리 또는 희끗희끗한 머리카락이 이 계절에 속한 사람들에게 어울리지 않는다는 것이다. 흰머리는 얼굴 주위에 은색 천을 계속해서 두르고 있는 것과 같으며, 따뜻한 색조를 가진 사람들에게는 적합하지 않다. 이 범주의 흰머리는 결코 투명하지 않고 누르스름하게 변하는데, 이것이 내가 강력히 반대하는 두 번째 이유다. 해결책은 단 하나, 염색이다.

남성의 경우 수염이 하얗게 변하면 나이 들고 방치된 느낌이 들기 때문에 면도를 하는 것이 좋다. 해리슨 포드(Harrison Ford)는 가을형으로 여전히 매력적이지만, 희끗희끗한 머리카락은 조지 클루니(George Clooney)나 숀 코너리(Sean Connery)에게서 보았던 모습과는 확실히 다르다. 자연스럽고 염색을 하지 않는 스타일을 선호하는 사람에게는 피해를 최소화하기 위해 평소보다 머리를 더 짧게 다듬는 것을 추천한다.

홍채는 헤이즐넛 색일 수 있지만 더 어두울 수도 있다. 황금빛 갈색 눈은 조금 더 어둡고 촉촉한 흰색과 조화롭게 어우러져 부드러운 대비를 만들어 내는데, 이는 겨울형의 찌릿한 시선 효과와는 다르다.

가을형에서도 밝은 눈을 볼 수 있는데, 봄 범주에 속하는 사람들과 같은 정도의 대비와 강도를 갖지는 않는다.

밝은 눈은 올리브색, 연두색 또는 고양이 눈과 같은 갈색일 수 있다. 공통적인 특징은 언제나 황금빛, 아이보리색 눈이며, 피부와 머리카락에 비해 부드럽고 균일한 대비를 가지고 있다는 것이다.

겨울형이 베이지색, 오렌지색, 갈색 및 따뜻한 녹색을 피해야 한다면, 가을형은 이와 반대로 이러한 색상으로 강조해야 한다. 이것이 바로 가을의 자연스러운 색들이기 때문이다.

가을형의 하위 그룹과 절대 계절

가을형의 값은 중간-낮음(deep)이고, 언더톤은 따뜻하며(warm), 강도는 중간-낮음(soft)이다. 모든 가을형 사람들은 이러한 특징을 가지고 있는데, 소속하고 있는 하위 그룹에 따라 다르게 나타날 수 있다. 어텀 딥(autumn deep), 어텀 웜(autumn warm) 및 어텀 소프트(autumn soft)가 그것이다.

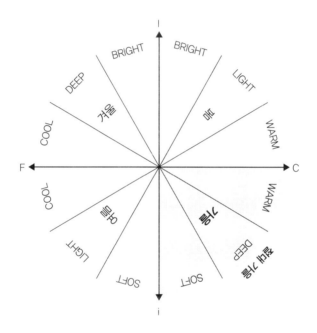

　　이러한 세 가지 특성을 일관되게 나타내는 사람은 절대 가을, 즉 순수한 가을로서 다른 인접한 계절과 섞이지 않고 구별된다.

어텀 딥(autumn deep): 깊은 (또는 어두운) 가을형

어텀 딥에서 재배적인 어둡고 짙은 색은 연중 내내 지속되는 피부톤 및 높은 멜라닌 비율로 인해 인식된다. 이 범주에 속한다면 자주 태닝되면서도 화상을 입는 일이 없을 것이다. 윈터 딥 영역과의 혼합은 분명하다. 그러나 숙련된 사람이 아니고서는 눈, 피부, 머리카락이 어두운 경우에는 식별이 어려울 수 있다.

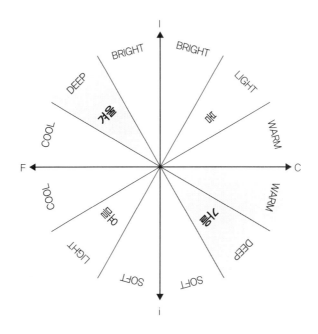

그러나 그 차이가 아무리 작더라도 중요하다. 피부는 어둡지만 올리브색을 띠지 않고, 햇빛에 노출되지 않더라도 연중 내내 약간의 적갈색 빛이 유지된다. 참조할 좋은 예는 모델 애슐리 그레이엄(Ashley Graham)과 영화배우 제이슨 모모아(Jason Momoa)다. 얼굴 아래에서 색을 대보는 실험에서 어텀 딥은 갈색, 녹색 및 오렌지 레드 사이에서 해답을 찾을 수 있다.

어텀 딥은 검은색이나 어두운 파란색 옷을 입으면 슬픈 느낌을 받을 수 있고, 얼굴은 빛을 잃고 피곤하고 지친 모습을 하게 된다. 이 때문에 우리 할머니들이 말했던 것처럼 얼굴의 테두리인 머리카락은 어둡게 염색하지 않는 편이 낫다.

어텀 딥은 분서외 모든 구성 요소 간에 낮은 수준의 대비를 보어준다. 이와 달리 윈터 딥은, 예를 들어 매우 흰 공막과 어두운 홍채 사이의 대비가 낮은 것처럼 피부-눈-머리카락의 대비가 낮지만, 다른 부분에서는 밝음과 어두움의 조합을 볼 수 있다.

또한 두 하위 그룹은 미세한 언터톤 유형으로 분리된다. 그 증거는 어텀 딥은 파운데이션 없이 지낼 수 있지만, 윈터 딥은 추운 날에는 더 선명하고 회색빛이 도는 색상을 띤다는 사실이다.

어텀 딥이 윈터 딥에게서 빌려올 수 있는 색상은 체리, 페트롤 및 에메랄드 색이다. 이러한 색상들은 따뜻한 언더톤을 가지지 않았지만, 감안할 만한 예외적인 사례로 이해할 수 있다. 예를 들어 어텀 딥 팔레트를 매우 잘 다루는 배우로 제니퍼 로페즈(Jennifer Lopez)가 있다. 그녀의 사진 중 팔레트에 맞지 않는 것은 찾기 힘들다.

어텀 웜(autumn warm): 따뜻한 가을형

어텀 웜은 가을의 가장 높고 밝은 부분으로, 봄의 따뜻한 하위 그룹에 인접해 있다. 일반적으로 머리카락은 연갈색 또는 자연스러운 빨간색이며, 피부는 꽤 밝고 분홍빛이 도는 오버톤일 수도 있다. 눈은 수잔 서랜든(Susan Sarandon)과 같은 갈색 또는 줄리안 무어(Julianne

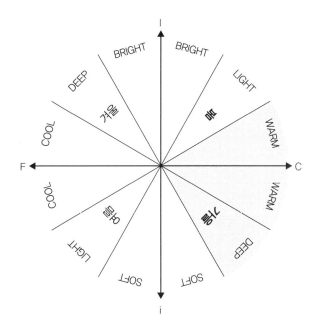

Moore)와 같은 녹색일 수 있지만, 피부와 머리카락에 비해 특별히 눈
에 띄지 않는다.

게임은 가을과 봄 사이에 진행되며, 정확히 이 경계선에서 움직인
다. 실제로 따뜻한 언더톤이 확실하다면, 이것이 바로 이 하위 그룹의
지배적인 특성이기 때문에 차이점을 만드는 것은 색상의 강도이다.

자신이 속한 계절에 대한 모든 궁금증을 풀기 위해 포레스트 그린
과 그래스 그린을 얼굴 가까이 가져다 대보는 것을 권한다. 어텀 웜은
더 부드럽고 깊은 포레스트 그린을 선호할 것이며, 스프링 웜은 더 밝
게 빛나는 눈과 밝은 머리카락 색 덕분에 그래스 그린을 선호할 것이
다. 확실히 그들은 안경과 같은 액세서리와 기본 옷장 및 캡슐 옷장에
서도 검은색과 회색에 큰 손해를 입을 수 있다. 이 하위 그룹에 아주

잘 어울리는 것은 마호가니나 따뜻한 헤나(henné)다.

이 하위 그룹의 명백한 징후는 얼굴과 목부터 가슴과 팔에도 넓게 퍼져 있는 주근깨일 수 있다. 바네사 인콘트라다(Vanessa Incontrada)가 이에 속한다.

남성의 예는 말할 것 없이 그룹 심플리 레드(Simply Red)의 리더 믹 헉널(Mick Hucknall)이다. 이보다 더 적절한 사람은 없을 것이다. 일반적으로 어텀 웜 남성들은 빨간색 머리카락이 아닐 경우 연갈색 머리카락과 밝고 확실한 구릿빛 수염을 갖고 있다. 개인적으로는 매우 매력적이라고 보는데, 아마도 그 자체로 희귀하다는 점 때문일 것이다. 따라서 항상 유지하라고 조언한다.

메이크업은 눈에는 브론즈와 갈색 범위를 따르며, 속눈썹이 밝을 경우 마스카라에도 사용하고, 입술에는 복숭아색 또는 테라코타 색을 사용한다. 이들 색조가 강조해 주지 않는다면 확실히 이 하위 그룹에 속하지 않는 것이다.

어텀 웜 및 스트링 웜은 따뜻한 빨간색 및 갈색을 많이 공유할 수 있는데, 겨울의 카멜색 코트와 여름의 아름다운 살구색 드레스뿐만 아니라 많은 메이크업 제품들도 함께할 수 있다.

어텀 소프트(autumn soft): 부드러운 가을형

이 유형에서 지배적인 특징은 낮은 대비로 인해 낮은 강도의 색상을 선호한다는 것이다.

매우 특이한 특성을 가진 상당히 드문 유형이다. 피부는 샴페인 빛을 가진 중간 밝기 값이며, 눈은 밝은 갈색에서 올리브 그린으로 변할 수 있는 호박색 톤이고, 머리카락은 밝은 갈색 또는 진한 브라운 톤이다.

전체적으로 매우 균질하고 확실하게 황금빛을 띠며 매우 낮은 수준의 대비를 보인다. 남성의 멋진 예로는 축구선수 데이비드 베컴(David Beckham)이 있으며, 여성의 경우는 영화배우 드류 베리무어(Drew Barrymore)가 해당한다.

그들의 희소성은 일반적으로 '아무에게도 어울리지 않는 색상'이라고 일컬어지는 것들이 매우 잘 어울린다는 사실로 증명된다. 머스터드와 같은 모든 톤의 향신료 색상, 커민(cumin)에서 파프리카까지, 그리고 베이지색과 대지색, 테라코타, 시에나 흙색, 담배색과 같은 부드러운 녹색 또는 황금빛이 도는 녹색들을 좋아한다. 이 어렵고 우아한

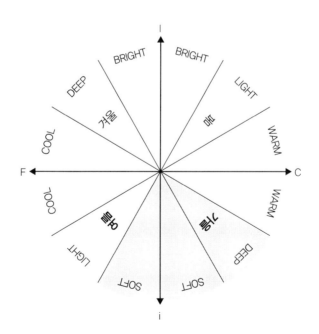

색들을 자유롭게 입는 것은 이 하위 그룹에 속하지 않는 한 어렵다.

메이크업은 반복적으로 따뜻하고 더스티한 효과를 만들어 낸다. 갈색 아이섀도가 금색 하이라이터와 브론즈 파우더와 함께 사용된다. 검은색과 회색은 의상과 마찬가지로 잘못된 선택이다.

눈동자는 밝은 갈색이나 올리브 그린이지만 항상 황금 색조의 빛이 있다. 때로는 눈이 금색이니 호박색인 경우도 있다. 이는 이딜리아에서는 매우 드물지만 분명히 매혹적이다. 니콜 리치(Nicole Richie)의 피부와 황금빛 눈이 좋은 예다.

머리카락을 보면 짙은 금발에서 밝은 갈색에까지 이르지만, 따뜻한 강한 언더톤은 인공 착색의 도움 없이도 아름다운 황금빛 광택을 띠게 한다. 또한 해변에서는 하루 만에 머리카락이 더욱 금발로 보일 수 있다.

이 하위 그룹의 지배적인 특성은 강도에 있다. 따라서 어텀 웜보다 더 생생한 색상을 찾기보다는, 그래프의 왼쪽으로 이동하여 여름의 소프트 하위 그룹으로 약간 미끄러져 들어가는 것을 선호한다. 두 소프트 부분을 공유하는 것은 낮은 대비와 낮은 강도로, 이는 그들 고유의 색채 특성뿐만 아니라 좋아하는 색상과도 관련이 있다.

절대 가을형

이 유형에는 가을 색상 규칙에 대한 예외가 포함되지 않는다. 값은 중간-낮은 정도이며, 피부와 머리카락은 어둡지만 정도가 심하지는 않다. 정확히 중간 수준에 머물러 있으며, 인플루언서 올리비아 팔레르모(Olivia Palermo)가 대표하고 있다.

언더톤은 물론 따뜻하며, 오버톤은 의심의 여지 없이 겨울철에도 옅은 노란색이고, 강도는 중간-낮은 수준이다. 이 계절에서는 더욱 부드러운 색조가 확실히 적합하며, 여기서도 역시 검은색은 권장되지 않는다.

머리카락은 일반적으로 아름다운 기본 갈색이며 황금빛이지만 잿빛을 띠지는 않는다. 아주 좋은 선택은 따뜻한 개암나무 색조로 언더톤을 강조하는 것이다. 대안으로는 자연적으로 설정된 한계를 넘어 어두워지거나 애쉬 블론드로 너무 많이 밝아지는 것을 피하면서 타고난 색을 유지하는 것이다.

의상과 액세서리에 관해서는 개인적인 스타일과 취향 또는 상황과 드레스 코드에 따라 팔레트 안에서 자유롭게 선택할 수 있다. 가장

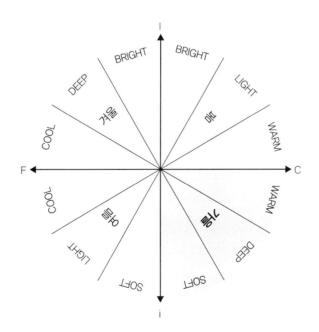

깊은 녹색인 청록색 및 포레스트 그린부터 흐릿한 노란색, 따뜻한 오렌지색까지 다양한 옵션이 있다.

가을형 옷장: 친근한 색상과 적대적인 색상

이상적인 캡슐 옷장(capsule wardrobe)은 흙 색조로 구성된다. 카멜, 다크브라운, 포레스트 그린 및 테라코타 색상이 가을형 옷장의 이상적인 기초가 된다. 검은색이 없는 것(또는 급격하게 감소한 것)에 놀랄 수 있지만, 나의 개인적 경험으로 볼 때 검은색 없이도 아주 잘 살아갈 수 있기 때문에 안심해도 된다. 저녁과 낮 모두를 위한 멋진 옷장의 기본은 옐로 골드로, 이를 가을의 모든 색상과 조합하여 나머지 부분을 돌려가며 착용하는 중심축처럼 활용할 수 있다.

모든 따뜻하고 화창한 노란색은 이 계절에 신뢰할 수 있는 동반자이다. 또한 빨간색도 가을형의 매우 친근한 색상인데, 특히 따뜻하고 지나치게 눈에 띄지 않는 경우에 더욱 잘 어울린다. 코럴색, 연어색, 거위 갈색, 커민 등 다양한 색상이 있다. 녹색도 친근한 색상 중 하나다. 더 어려운 색상인 올리브색, 부패한 녹색, 잎사귀 녹색, 이끼색도 포함된다.

가을형의 팔레트는 겨울에는 캐시미어와 앙고라에 잘 어울리며, 여름에는 리넨에서 멋진 사하라 사막 효과를 보여준다.

적대적 색상은 차갑고 어두우며 공격적인 색이다. 검은색, 회색 및 파란색은 없는 단점도 밖으로 끄집어 낼 수 있다. 이 금지된 파란색의 유일한 예외는 터키석에서 오타니오 색에 이르는 범위다. 적고 찾기 힘들지만 아름답고 매우 우아한 색이다.

여가 시간에 남성들은 영국 스타일을 참고할 수 있다. 베이지색부터 브라운색, 녹색에서 마호가니 색까지 이러한 훌륭한 톤들을 활용한 전통적인 영국 원단인 트위드나 마름모꼴 무늬가 있는 가볍고 몸에 딱 맞는 스웨터가 잘 어울린다. 또한 체크 패턴과 클래식한 타탄 패턴도 매력적이다.

가장 효과가 좋은 패턴은 따뜻하고 균질한 캐시미어 또는 갈색 바탕의 피에드폴(pied-de-poule, 바둑판 무늬) 패턴이다. 그리고 자연을 연상시키는 것, 특히 가을, 숲, 사바나와 관련된 것들도 충분히 고려해 본다. 동물무늬도 너무 어두운 경우에도 특히 낮은 대비와 오렌지 톤의 우세성으로 인해 매우 인기가 있다. 단, 패턴에 대해서는 흑백 및 극적인 조합은 피해야 한다. 이는 가을형에는 골치 아픈 문제가 될 수 있기 때문이다.

가을 옷장에는 남성이든 여성이든 베이지색 트렌치코트와 카멜색 코트가 모두 포함된다.

가을형 각 하위 그룹의 다목적 색상 및 색상 범위는 딥 하위 그룹에서는 코럴 레드, 웜 하위 그룹에서는 녹색과 테라코타, 소프트 하위 그룹에서는 머스터드 및 올리브색이다. 항상 그렇듯이 절대 계절은 팔레트 내에서 자유롭게 보다 주관적인 선택을 할 수 있다.

업무용 의상은 기본으로 베이지색과 담배색을 선호하는 반면, 그린 포레스트는 콜드 블루의 좋은 대체품이 될 수 있다. 좋은 동맹은 와인색으로, 더 깊은 색조에서는 매우 점잖지만 어쨌든 큰 가치가 있다.

언더 재킷은 가을 시즌에 선택할 수 있으며, 낮은 강도의 고유한 우아한 분위기를 갖추어 업무용 의상으로 잘 어울린다. 반면에 옵티컬 화이트는 더 부드러운 아이보리색에 자리를 양보해야 한다.

가을형 남성들은 정식 드레스 코드가 차가운 색을 선호하기 때문에 조금 불리한 위치에 있다. 다행히 겉으로는 다른 회색과 비슷하지만 그 안에는 눈에 띄지 않는 햇빛 톤을 갖고 있는 따뜻한 회색이 있다. 바로 그렇기 때문에 코럴색 넥타이 및 가을 팔레트에 있는 다른 액세서리와 조화를 이룬다. 남성의 경우 셔츠는 여전히 흰색이 유지된다.

예식 및 특별한 행사의 경우에는 검은색의 진부함에 빠지지 않기 위해 노력해야 하지만, 일단 올바른 색채 경로를 찾으면 버건디, 오타니오, 포레스트 등 어둡지만 따뜻한 색상, 또는 이와 반대로 금 및 브론즈와 같은 밝은 금속성 색조로 세련된 스타일을 선택할 수 있다. 예를 들어 오전 결혼식과 같이 드레스 코드가 더 밝고 섬세한 색조를 요구한다면 복숭아, 살구, 올리브 및 가을 나뭇잎의 따뜻하고 흐릿한 색상에 의존할 수 있다.

가을형을 위한 액세서리와 머스트 해브

일관된 옷장을 갖기 위해 가을형은 팔레트의 검은색을 포기해야 한다. 이러한 사실이 처음에는 당혹감과 약간의 공포감을 불러일으키지만, 그것을 잘 대체할 수 있는 다른 많은 아름다운 색상이 있다는 것을 깨닫게 된다.

현재 검은색이 옷장을 지배하고 있다면 친근한 색상의 스카프, 헤어밴드 또는 다른 아이템으로 얼굴 주위를 둘러 검은색을 옅게 완화시킬 수 있다. 보석의 경우도 마찬가지로 옐로 골드 및 브론즈로 전환하는 것이 첫 번째 단계다.

조합의 경우 내가 가장 좋아하는 것은 오렌지색과 조합된 포레스트, 가지색과 조합된 겨자색, 오타니오 색과 조합된 달걀 노란색이다. 갈색 팔레트의 범위가 우아할 수 없다는 주장에 대한 멋진 반격이다.

소중한 누드 액세서리의 경우 이번에는 베이지색으로 직진할 수 있다고 말하고 싶다. 베이지색은 팔레트와 조화를 이루며 피부톤을 더욱 돋보이게 한다. 속옷의 경우에도 샴페인, 크림 또는 비스킷 색상을 선호하고, 파우더와 펄(진주층)은 피하는 것이 좋다.

가죽은 가방, 신발 및 액세서리의 다재다능한 소재로 모든 것과 잘 어울리며, 특히 주간에 잘 어울린다. 밤에는 금속이 그 대체물이며, 금이나 브론즈 모두 포함된다.

따뜻한 톤의 금속은 체인, 지퍼 및 버튼과 같은 작은 부품뿐만 아니라 안경에도 권장된다. 안경테는 어둡거나 밝은 색조의 거북이 패턴을 추천하며, 해당 하위 그룹의 강도에 따라 선택할 수 있다. 선글라스는 항상 갈색 또는 적갈색 기반으로 선택하거나, 더 나은 선택으로 스모크한 스타일도 추천한다.

어텀 딥 유형에는 코럴 레드 색상의 안경테를 권한다. 특히 가끔 사용하거나 단지 습관적으로 사용한다면 더 그렇다. 이와 달리 검은색 안경테는 가을 팔레트와 잘 어울리지 않으며, 얼굴의 다른 특성에서 주의를 돌림으로써 주인공이 되는 결과를 초래할 수 있다.

선택한 금속은 옐로 골드이지만 로즈 골드 및 브론즈와도 아주 잘 어울린다. 화이트 골드는 특성 없는 일반적인 선택이며, 소프트 하위 그룹의 경우에는 완전한 대비를 이룬다.

추천하는 보석은 토파즈와 석류석 같은 따뜻한 톤의 보석들이다. 팔레트 내외 색상 중 모든 서영과 함께 시트린(황수정)이나 프라시올 라이트(녹수정) 같은 보석이 포함된다. 여름 기간에 특히 아름다운 다른 보석으로는, 특히 딥형에는 코럴, 웜형에는 터키석, 그리고 소프트 형에는 앰버가 적합하다. 소프트 하위 그룹의 경우 '호랑이 눈'이라고 불리는 보석도 권한다.

크림색을 띤 모든 따뜻한 색조의 진주도 잘 어울린다. 그러나 회색, 회갈색 또는 검은색 진주는 피하는 것이 좋다.

다이아몬드는 브라운 버전도 있지만, 솔직히 화이트 다이아몬드 선물은 망설임 없이 받는 것이 좋다. 이것은 어떤 팔레트에도 견줄 수 없는 특별한 선물이다!

가을형을 위한 미용(뷰티): 메이크업, 머리카락 등

파운데이션의 경우 가을형은 언더톤이 따뜻하고 오버톤은 전형적으로 노란색을 띠기 때문에 선택에 있어 가장 복잡하지 않다.

유일하게 예외를 두는 하위 그룹은 조금씩 붉어진 부분이 있는 어텀 웜으로 자연스러운 붉은색 피부톤에 해당한다. 그러나 이 역시 큰 문제는 아니다. 자외선에 노출되면 가볍게 커버되는 제품을 사용하면 된다.

파운데이션을 사용하지 않아도 될 정도로 피부가 좋은 어텀 딥 유형은 특히 운이 좋은 하위 그룹이다. 이들은 제시카 알바(Jessica Alba)와 같은 자연스러운 황금빛 피부를 가지고 있다. 이 유형에 속한다면 적어도 젊을 때는 보정 제품도 사용하지 않아도 된다. 그러나 시간이 흐르면서 피부가 차가워지는 경향이 있기 때문에 커버력이 있는 제품을 필요로 할 수 있다. 특히 딥 하위 그룹은 피부에 멜라닌이 많이 함유되어 있어 얼룩이 생기는 경우가 많다. 이런 얼룩은 햇빛에 노출됨에 따라 생기는 것으로, 피부가 쉽게 그을리기 때문에 생기는 현상이다. 햇빛에 노출되지 않으면서 브론즈 효과를 좋아한다면 테라코타 브론즈 제품을 사용할 수 있다.

블러셔의 경우 복숭아색에서 살구색까지 다양한 범위의 따뜻한 분홍색을 사용할 수 있다. 또한 눈꺼풀에도 같은 제품을 사용하여 효과를 강조할 수 있다.

눈 메이크업은 하위 그룹 및 홍채 색에 따라 달라지지만 언제나 가을 팔레트에서 영감을 얻는다. 가장 어두운 딥 하위 그룹의 경우 눈꺼풀이 색소질이기 때문에 헤이즐넛 브라운이 잘 보이지 않을 수 있다. 블랙은 너무 어둡고 강렬하여 때로는 음울하거나 다소 편견을 가진 느낌을 줄 수 있다. 좋은 대안은 다크브라운으로, 블랙처럼 어두우면서도 브라운처럼 따뜻한 톤을 가지고 있다.

웜 하위 그룹은 브론즈 톤의 색상과 특히 녹색이 잘 어울린다. 그러나 눈이 녹색이라면 아래 눈꺼풀에 올리브 그린이 약간 섞인 가지

색을 권한다. 소프트 하위 그룹은 대지색과 금색 하이라이팅 베이스로 눈 메이크업을 특히 잘 표현할 수 있다.

특별한 자리나 여름철을 위해 무언가 특별한 것을 찾고 있다면 피코크 블루 색상을 추천한다. 특히 어텀 딥 유형이 이 색상을 사용하면 화려하고 아름다운 효과를 만들어 낼 수 있다.

입술 메이컵은 복숭아색부터 실구색까지 보다 중립적이고 심세한 톤을 보여주는 따뜻한 베이스의 누드 색조가 어울린다. 이것은 특히 어텀 소프트형을 위한 것으로, 이 유형은 매우 낮은 강도로 인해 잘 맞는 립스틱을 찾기 어려울 수 있다.

다른 모든 가을형은 약간 더 높은 강도에 도전할 수 있지만, 테라코타나 벽돌색 또는 섬세한 코럴 색상에서 너무 멀어지지는 않아야 한다.

머리카락에 관해서는 가을형이 특히 다채롭다. 순수한 가을형은 전형적으로 따뜻한 갈색이며, 이 외에 더 어두운 갈색 톤의 딥 하위 그룹, 빨간색 또는 적갈색의 웜 하부 그룹, 그리고 어두운 금발일 수 있는 소프트 하위 그룹이 있다.

어텀 딥 하위 그룹은 모델 에밀리 라타코프스키(Emily Ratajkowski)와 같이 자연스러운 다크브라운 색상을 유지하면서 더 어두운 계열인 윈터 딥과 가까운 어두운 계열을 유지할 수 있다. 이 경우 대비가 중간 정도이며 더 강렬한 색상도 작동할 수 있다. 반대로 조금 더 밝게 하고 더 황금빛이 나게 일관되게 만들 수도 있다. 제니퍼 로페즈(Jennifer Lopez)처럼 깊고 활기찬 컬러를 선호하지만 너무 밝게 하지는 않는 경우다.

어텀 웜 하위 그룹은 자연스러운 빨간색이지만, 또한 강한 적갈색 또는 갈색빛이나 마호가니 색조로 변할 수 있다. 이 경우 우세한 톤에 따라가는 것이 필요하다. 밝게 하거나 어둡게 할 필요는 없고, 따뜻하게 만드는 것이 중요하다.

마지막으로 어텀 소프트 하위 그룹은 밝은 갈색 또는 햇빛에 노출되면 빠르게 금빛으로 변하는 어두운 금발이 기본이다. 여기에는 가볍고 따뜻한 하이라이트로 컬러를 따라가면 되고, 빨갛게 하거나 어둡게 하지 않는 것이 좋다. 어떠한 경우에도 얼굴에 회색빛을 줄 수 있는 애쉬 블론드 컬러의 유혹에 빠지지 않도록 주의한다.

보다 대담한 색상을 선택하는 경우 따뜻한 톤이 유일한 방법이다. 조금 더 진한 빨간색을 고려할 수 있지만, 파란색이나 보라색, 회색 및 다른 차가운 색상은 피해야 한다.

여름형

여름형의 특성

이탈리아에서 흔히 볼 수 있는 여름형은 매우 다양하지만, 보통 밝은 블론드 머리카락을 가진 사람들뿐이라고 생각한다. 이 유형에는 차가운 언더톤을 가진 사람들이 포함되지만, 겨울형처럼 높은 강도와 낮은 값은 갖지 않아 그래프상으로 왼쪽 아래에 위치한다.

여름형의 특징은 선명함에서 매우 선명함에 이르는 값, 낮은 대비, 낮거나 매우 낮은 강도로 요약할 수 있다. 피부의 언더톤은 항상 차갑고 오버톤은 영화배우 엘 패닝(Elle Fanning)과 같은 우윳빛, 영화배우 커스틴 던스트(Kirsten Dunst)와 같은 분홍빛, 또는 모델 지젤 번천(Gisele Bündchen)과 같은 노란빛일 수 있다.

분홍빛 오버톤과 우윳빛 피부를 가진 사람들은 일반적으로 태닝에 많은 어려움을 겪으며, 햇빛에 타면 피부가 쉽게 붉어지고 주근깨가 생길 수도 있다. 이와 달리 오버톤이 더 노란색을 띠면 어려움 없

178

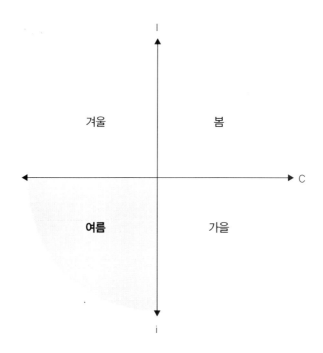

이 태닝이 되어 황갈색이 된다. 이 유형에서 상당히 반복적으로 나타나는 특징은 보라색을 띠거나 매우 밝은 입술과 잇몸 및 기타 점막이다. 물론 이 중 일부만 가질 수 있고 반드시 전부는 아닐 수도 있다.

여름형의 머리카락 색은 모델 안나 이워스(Anna Ewers)의 타고난 노르웨이 블론드에서 벨라 하디드(Bella Hadid)의 애쉬 브라운까지 다양할 수 있다. 어떤 경우든 빨간색은 아니다. 어릴 적에는 백금 금발이었다가 자라면서 회색이 되는 경우도 종종 있다.

머리카락을 염색할 때 계란 노란색이 나오는 경우가 드물지 않은데, 이는 염료의 구성과 관련된 화학적 요소와 관련된 것이다. 이 경우 유일한 치료법은 안티옐로 샴푸를 사용하는 것이다.

여름형에게 회색으로 변하는 머리카락의 이점은 다른 잿빛 머리카락과 섞여서 눈에 띄지 않는다는 것이다. 많은 여름형 사람들은 영화배우 미셸 파이퍼(Michelle Pfeiffer)의 경우와 마찬가지로 머리카락을 염색하지 않고도 미흡한 회색 머리카락 효과를 내기 위해 메시 스타일(부분염색)을 이용하는데, 이를 통해 다양한 밝은 색상이 조화롭게 어우러져 자연스런 효과를 낼 수 있다.

여름형 남성의 경우 브래드 피트(Brad Pitt)처럼 수염을 지르게 두면 나이가 들면서 루치아노 데 크레센조(Luciano De Crescenzo)와 같은 화이트로 바뀌어 호감이 가는 매우 우아하고 멋진 스타일이 된다.

눈의 경우 홍채가 밝고 아쿠아마리나(남옥색)에서 회색 또는 다니엘 크레이그(Daniel Craig)처럼 얼음 색상의 눈을 지닐 수 있다. 예외적으로 이 계절형에서는 수영 선수 페데리카 펠레그리니(Federica Pellegrini)처럼 눈이 어두운 갈색인 자연스러운 금발도 있을 수 있다. 이러한 경우에도 색조는 여전히 밝고 일관성이 있으며, 대조와 강도는 크게 증가하지 않는다.

여름형의 하위 그룹과 절대 계절

여름형에 속하는 사람은 밝은 값(light), 차가운 언더톤(cool), 그리고 낮은 강도(soft)라는 특성을 보여준다.

이러한 특징 중 하나가 다른 특징들보다 우세하다면 해당하는 하위 그룹에 속하게 된다. 여름형의 경우 서머 라이트(summer light), 서머 쿨(summer cool) 및 서머 소프트(summer soft)가 있다. 그러나 세

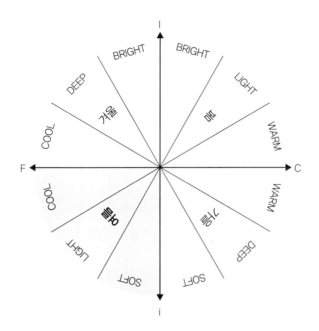

가지 특징이 균등하게 존재하는 경우, 즉 백분율로 표현하면 33%-33%-33%일 경우 이것은 순수한 팔레트를 의미한다. 이러한 특징들 중 하나가 우세하지 않기 때문에 다른 계절과의 혼합은 예상되지 않으며, 이 경우 절대 여름형이라고 한다.

서머 라이트(summer light): 밝은 여름형

서머 라이트 유형은 이탈리아에는 매우 드문 하위 그룹이다. 머리카락을 염색할 필요가 없고, 햇빛에 그대로 두면 보통 미용실에서 하는 염색 효과를 얻을 수 있는 자연 금발이다. 이들은 밝은 눈썹을 가지고 있는데, 때로는 숱이 많기도 하지만 매우 밝기 때문에 거의 눈에 띄지 않는다. 엘 패닝(Elle Fanning)과 에바 헤르지고바(Eva Herzigová)가

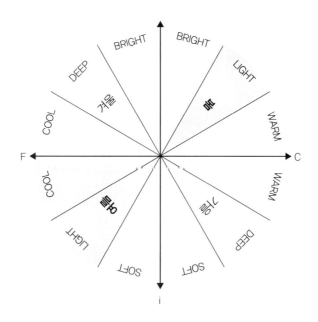

좋은 예다.

오버톤은 일반적으로 붉은빛이 도는 차가운 피부로, 낮은 멜라닌 농도로 인해 햇빛에 민감하지 않은 매우 밝은 피부를 갖는다. 이 하위 그룹에 속한다면 연한 톤의 컬러와 파란색, 보라색, 아쿠아마린과 같은 범위의 색상이 가장 믿을 수 있는 동반자가 된다.

실제로 그래프에서 보이는 여름과 봄 각각에 해당하는 두 개의 라이트 구역은 라이트 하위 그룹을 공유하며, 따라서 더 밝고 연한 파스텔색을 공유하는 '자유 영역'이 된다.

서머 쿨(summer cool): 차가운 여름형

서머 쿨 유형은 겨울과 동일한 쿨 그룹에 근접해 있기 때문에 여름의 가장 강도 높은 범위다. 이에는 두 가지 잠재적 요소가 있다. 클라우

디아 쉬퍼(Claudia Schiffer)처럼 특히 밝게 빛나는 눈을 가졌거나 비안카 발티(Bianca Balti)의 경우와 같이 갈색 머리카락과 밝은색 눈 사이에 적당한 대조가 있는 경우다.

미숙한 사람은 갈색 머리카락 대문에 이 범주를 겨울형으로 오인할 수 있지만, 여름형 기준에 비해 강도가 아무리 높아도 겨울 수준에는 미치지 못한다. 이 경우 결정적인 증거는 검은색이다. 윈터 브라이트는 의상과 머리카락에서 칠흙 같은 검은색을 견딜 뿐만 아니라 강조되기도 하지만, 서머 쿨의 섬세함은 이 색조의 사용에 제한을 둔다. 두 하위 그룹은 따라서 모든 차가운 푸른색, 그리고 더 강한 톤의 파란색과 보라색을 공유한다.

머리카락의 경우 레티시아 카스타(Laetitia Casta) 같은 밝은 갈색에서 에바 리코보노(Eva Riccobono) 같은 애쉬 블론드까지 속한다.

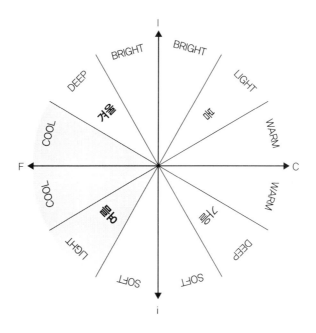

서머 라이트형과의 차이는 대부분의 경우 회색 머리 재생장을 보이며 염색을 피하는 것이 어려울 수 있다는 것이다. 회색 머리를 기준으로 시작하여 밝게 염색한다면 눈의 강도로 인해 노르웨이 블론드까지도 도달할 수 있다.

눈 메이크업의 경우 매일 검은색을 사용한다면 눈을 무겁게 할 수 있지만, 특별한 날을 위한 검은색 아이라이너 힌 줄은 멋진 대비를 줌으로써 눈의 화려함을 강조할 수 있다. 매일 사용하기에는 분홍빛 갈색(로즈 브라운)이 매우 잘 작동한다. 앞서 언급한 대로 이 하위 그룹은 강도에 있어서 더 유연하며, 해당 계절의 부드러운 색상뿐만 아니라 인접한 겨울의 아름다운 에메랄드 그린 같은 화려한 색상도 잘 어울린다. 차가운 계절이기 때문에 오렌지색은 강력히 권장하지 않는다.

서머 소프트(summer soft): 부드러운 여름형

이 하위 그룹에서 눈은 청록색일 수 있지만 갈색일 수도 있다. 그러나 어떤 경우든 머리카락은 다소 밝은 금발이다. 이와 달리 피부는 차가운 언더톤이며 상당히 노란빛이 감도는 특징을 가지고 있다. 가장 주요한 특징은 매우 일관되고 대비가 낮은 혼합된 색상이라는 것이다.

이 하위 그룹은 대부분 가을형으로 향하는 여름형으로, 많은 경우 쉽게 태닝이 가능하기 때문에 이들을 구별하는 것은 피부의 차가움이다. 좋은 예로는 배우 미샤 바턴(Mischa Barton)과 제니퍼 애니스톤(Jennifer Aniston)이 있다. 어떤 경우에도 그들은 많은 색상을 공유하는데, 올리브 그린, 몇 가지 그레이색, 따뜻한 비둘기 회색, 모래색과 진주색 같은 것들이다. 예외적으로 언더톤과 다소 어긋날 수 있지만,

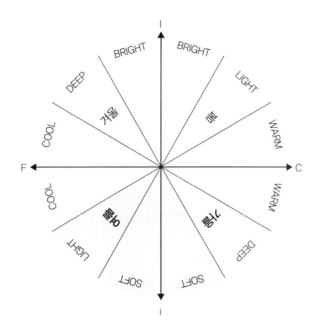

중요한 것은 부드럽고 연한 톤을 유지하는 것이다. 따뜻한 올리브 그린을 선택하는 것이 차가운 일렉트릭 블루를 선택하는 것보다 훨씬 좋다.

앞서 말했던 것처럼 부드러운 여름형의 피부톤은 보통 노란빛을 띠며, 피부는 멜리니아 트럼프(Melania Trump)처럼 쉽게 태닝된다. 여름에 태닝을 하면 혼동을 줄 수 있지만, 겨울에는 다시 달의 차가운 느낌으로 돌아온다.

많은 사람들이 태닝을 좋아하지만, 또 다른 많은 사람들은 달처럼 창백한 외모를 강조하는 선택을 하기도 한다. 미첼 훈지케(Michelle Hunziker)의 경우를 보면, 초기 사진은 그녀가 매우 검게 그을렸고 황금빛 금발이었음을 보여주는데, 어느 순간에 피부를 밝게 하고 거의 플래티늄 색상으로 염색하여 부드러운 기초를 유지하면서도 차가운 달의 외모로 전환하였다. 따뜻한 오버톤에 대한 모호한 경향을 제거한 것이다.

드레이프를 이용한 실제 실험에서 부드러운 여름형은 은과 마찬가지로 옐로 골드와 잘 어울리는 유일한 하위 그룹이기 때문에 문제가 될 수 있다. 언더톤이 중요하지만 이 경우 강도가 더 중요한데, 이것이 주요 특징이기 때문이다.

절대 여름형

절대 여름형의 특성은 예외 없이 그 계절의 기본 특성과 일치하는데, 이 범주에 속하는 사람은 이웃하는 세 계절 중 어느 계절에도 '미끌어져 들어가지' 않기 때문이다. 이 그룹에 속한 사람들은 앞에서 본 모든 특징을 가지고 있으며, 다양한 하위 그룹에서 고려하는 예외는 없다. 이것은 의상뿐만 아니라 메이크업에서도 마찬가지다.

높은 값으로 인해 피부와 눈은 항상 밝고, 머리카락도 보통 라이트 애쉬 그레이를 기본으로 한다. 가장 좋은 예는 다이앤 크루거(Diane Kruger)다. 언더톤은 차갑고 의심할 여지 없이 푸르스름한 베이스의 달빛 색상과 잘 어울리는 반면, 강도는 적은 대비 및 조합의 높은 값 때문에 낮게 유지된다.

머리카락에 관해서는 어둡게 하지 말 것을 강력히 권하고 싶다. 높은 값을 유지하거나 밝은 효과를 강조하기 위해 몇 가지 하이라이트를 이용하여 회색 효과를 조절하는 것이 도움이 될 수 있다. 이 유형은 개인 취향에 따라 모든 여름 팔레트를 활용할 수 있다.

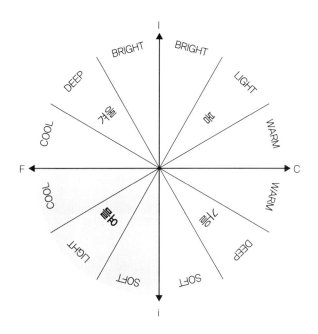

여름형 옷장: 친근한 색상과 적대적인 색상

여름형의 팔레트는 이 유형에 속하는 사람들과 동일한 특성을 갖고 있다. 밝고 맑으며 차갑고 연한 색조다. 기본 옷장은 청록 블루에서 에어포스 블루 또는 진주 회색에서 산비둘기색에 이르는 색조를 사용한다. 액세서리에서는 검은색을 사용할 수 있지만 피부톤에 약간 공격적일 수 있다. 빨간색은 아주 드물고 항상 연한 분홍색 또는 보라색 색조다.

어떤 색조든 강렬한 빨간색은 피부의 붉은 톤을 부각시키는 문제가 있다. 오렌지색이든 또는 푸크시아색이든 빨간색의 강한 색조의 문제는 무엇이든 그것들이 피부의 붉은 톤을 부각시킨다는 것이다.

화려한 빨간색의 대안으로는 파우더 핑크, 밤색, 수박색, 파스텔 핑크, 바비 핑크, 라즈베리, 그리고 라벤더, 피오니 및 라일락과 같은 보라색과 흐린 색조다.

녹색에 관해서는 티파니, 비노 및 세이지 그린 색조를 유지하는 것이 좋다. 노란색은 약간 예외적인 경우이지만, 꼭 필요하다면 연하고 차가운 노란색을 선택해야 한다.

적대적인 색상은 의심할 여지 없이 형광색과 같은 공격적이고 생생한 색조와 랍스터 레드와 코럴 같은 뚜렷하고 따뜻한 오렌지색 기반의 색조다.

남성의 경우 전기 또는 형광색만 피하고 에어포스 블루와 라벤더 같은 블루 톤을 선택할 수 있고, 업무복에 매우 적합한 은회색도 좋다. 흰색 또는 파란색 셔츠와도 완벽하게 어울린다. 넥타이의 경우 연한 색상의 모든 색조가 좋으며, 예식을 위한 은빛 회색 넥타이도 빠질 수 없다.

여성에 대해서도 동일한 조언이 적용된다. 낡은 블랙 대신 블루와 그레이를 선택하고, 더 차갑고 연한 색상의 언더 재킷 또는 셔츠와 함께 사용할 것을 권한다. 우아한 진주층 효과도 이용하면 좋다.

특별한 행사의 경우 저녁에는 미드나잇 블루와 보라색을 선택하거나 연한 색조를 좋아한다면 파우더 핑크를 선택할 수 있다. 대담하게 도전하고 싶다면 은색 라메(lamé)를 선택한다. 낮 행사에서는 더 밝고 연한 색조가 요구되므로 색상 변화가 있는 여름 팔레트의 색조들이 많이 사용된다.

가장 잘 작동하는 패턴은 낮은 대비를 가지며 작은 패턴인 작은 도트, 비시 체크(타탄 체크), 스트라이프, 멜란지 및 특히 캐주얼 의상에서는 라이트 데님 같은 것들이다. 또한 작은 꽃무늬 및 색상 대비를 강조하지 않는 패턴들도 좋다.

누구나 자신만의 특별한 색상이 있다. 라이트 하위 그룹은 모든 파스텔색을 사용할 수 있으며, 특히 청색과 녹색 톤이 잘 어울린다. 쿨 하위 그룹에게는 부드러운 연한 블루에서 더 선명한 블루에 이르는 모든 파란색 색조가 좋으며, 소프트 하위 그룹에게는 밀리터리 녹색과 도브 그레이 같은 샌드 블러스트 색조가 좋다. 절대 여름형은 선호 색상이 없으며 모든 팔레트와 잘 어울린다.

여름형을 위한 액세서리와 머스트 해브

신발, 가방 및 가죽 제품에는 팔레트에 포함되지 않는 검은색도 사용할 수 있지만, 의상에서 완전히 블랙으로 채우는 것은 분위기를 어둡게 만들 수 있으므로 피하는 것이 좋다.

액세서리에 대해서는 블루, 그레이, 아이스 블루, 도브 그레이와 관련된 색상 조합을 이용할 수 있다. 이렇게 하면 색상 조합이 무한해진다. 내가 여름에 가장 좋아하는 색상은 분홍빛이 돌고 갈색이 가미된 도브 그레이, 등나무와 라벤더 색조가 가미된 세이지 그린, 노란색이 살짝 가미된 슬레이트 블루다.

동물무늬를 좋아한다면 레오파드보다는 파이톤 패턴을 더 많이 추천한다. 파이톤 패턴은 대비가 덜하며 팔레트의 색상과 더 조화를 이루기 때문이다.

다른 색상과 마찬가지로 누드 컬러도 차가운 버전이 있다. 여름철에는 로즈 베이지 톤의 누드 컬러를 추천한다. 샌들과 핸드백에는 은색, 실버, 앤티크 컬러도 좋은 선택이다.

다른 중립색 중 특히 여름철에는 아이스 블루, 그레이지 및 도브 그레이 색상이 포함된다. 도브 그레이는 특히 남성의 모가신 신딕에도 적합한데, 특히 파란색과 함께 조합하면 더 좋다.

안경은 유리가 스모크 처리되어 있고 실버 색상의 금속 디테일이 있는 것이 좋다. 아세테이트 재질의 안경테는 흰색, 하늘색 및 보라색과 같은 차갑고 연한 색상으로 구성된 것이 좋으며 피부톤과 잘 어울린다. 도브 그레이 대신 살짝 차가운 느낌의 별갑 패턴 안경테 역시 탁월한 선택이다. 시각적으로 우아한 대안으로는 고대의 부적에서 발견되는 옛 핑크 컬러도 있다. 소프트 하위 그룹은 따뜻한 금속뿐만 아니라 차가운 금속도 잘 어울리며, 클래식한 별갑 패턴이나 얇고 너무 노란색이 아닌 골드 톤의 프레임도 아주 좋은 선택이다.

마지막으로 액세서리 중 하나인 보석은 기본적으로 실버, 화이트 골드 및 플래티늄으로 구성된다. 옐로 골드는 소프트 하위 그룹에만 적합한 좋은 대안이다. 차갑고 연한 색조의 팔레트 내에서는 다이아몬드, 사파이어, 아쿠아마린, 로즈 쿼츠, 투르말린, 옥, 오팔 등의 보석이 강조된다. 고전적인 코럴 레드는 이상적이지 않지만, 고대 카메오에서 찾을 수 있는 소위 '천사의 코럴 피부'로 대체될 수 있다. 또한 흰색이나 회색 진주는 완벽한 반면, 크림색과 같은 따뜻하고 조화로운 연한 색조의 진주는 사용하지 않는 것이 좋다.

여름형을 위한 미용(뷰티): 메이크업, 머리카락 등

여름형의 매우 밝고 붉은빛이 도는 피부는 로즈 베이스 파운데이션을 선호한다. 필요하다면 특정 부위의 붉음 현상을 감소시킬 수 있는 그린 교정 제품의 도움을 받을 수 있다. 밝고 차가운 피부이지만 약간 노란색 오버톤을 가진 피부는 허니 컬러나 아이보리 톤을 선택할 수 있다.

단, 피부톤을 향상시키기 위해 브론즈 터치나 피부에 오렌지 톤을 줄 수 있는 제품을 사용하지 않는 것이 좋다. 얼굴 아래에 놓인 드레이프에서 오렌지 톤이 작동하지 않는다면 얼굴 위의 제품에서도 잘 작동하지 않을 것이다. 그러나 이러한 유혹에 여러 번 빠지곤 하는데, 여름형의 연한 피부가 태닝으로 피부색을 강조하고자 할 때 종종 과도한 메이크업을 하곤 한다. 예를 들어 멜라니아 트럼프(Melania Trump)의 피부는 때때로 과도한 오렌지 톤을 내며 꽤 인공적인 효과를 낼 때가 있다.

만약 컨투어링(contouring, 윤곽 화장)을 좋아하고 입체감을 위해 브론즈 파우더를 사용하고 싶다면 차가운 파우더를 사용할 수 있다. 블러시는 아욱(자주색) 톤이나 매우 연한 톤이 좋지만, 피부가 붉어지는 경향이 있다면 어떤 제품도 사용하지 않는 것이 좋다. 자연적인 붉은 기운을 강조만 하기 때문이다.

하이라이트 컬러를 가진 서머 라이트 타입은 무거운 화장을 견디지 못한다. 쿨 타입은 가끔 짙은 파란색 또는 검은색 아이라인을 사용할 수 있지만, 서머 소프트 타입은 가을 팔레트에 더 가깝기 때문에 차가운 갈색을 선택할 수 있다.

머리카락 색이 매우 밝으면 갈색 마스카라를 선호할 것이다. 머리카락과 피부톤을 기준으로 하여 눈썹을 너무 어둡게 하지 않는다. 눈썹을 염색하거나 번영구적인 메이크업으로 포인트를 주고 싶다면 도브 그레이 색조를 선택하면 과도하게 어둡게 하지 않고 눈썹을 표현히는 데 도움이 된다.

입술의 경우 색조가 주황빛이 아니어야 하며, 립스틱의 강도도 너무 공격적이지 않아야 한다. 서머 쿨 유형을 제외하고는 때때로 라즈베리 톤의 밝은 립스틱을 사용할 수 있다.

머리카락에 대해서는 하위 그룹을 구분해야 한다. 절대 여름형은 자연스러운 블론드를 강조하거나 어린 시절의 블론드 컬러로 돌아갈 수 있다. 서머 라이트형은 밝은 자연스러운 블론드가 특징인데, 햇빛에 조금 더 노출되는 것이 좋다.

서머 쿨 유형은 머리카락 색이 높은 강도를 갖고 있는 경우, 갈색 머리카락과 밝은색 눈 사이에 명확한 대비가 있는 경우, 눈 색깔이 특히 밝은 경우가 있다. 첫 번째의 경우 레티시아 카스타(Laetitia Casta), 벨라 하디드(Bella Hadid) 및 비안카 발티(Bianca Balti)가 있는데, 머리카락 색을 자연스럽게 유지하고 회색으로 변하는 경향이 있다면 염색하여 톤을 조절하는 것이 좋다. 대비를 잃지 않기 위해 머리카락 색을 너무 밝게 하지 말고, 또 겨울형의 강하고 어두운 색조를 견디지 못할 수 있기 때문에 어둡게 하지 않는 것이 좋다. 반면에 눈 색깔이 특히 밝은 경우 눈동자의 얼음 효과를 촉진하기 위해 머리카락 색을 노르웨이 블론드 또는 플래티늄 톤으로 밝게 할 수 있다. 가수 애니

레녹스(Annie Lennox)의 머리카락이 좋은 예다. .

서머 소프트 그룹은 항상 언더톤의 모호함을 고려해야 하며, 더 자연스러운 모습을 선호한다면 제니퍼 애니스톤(Jennifer Aniston)이나 케이트 모스(Kate Mos)처럼 너무 차갑거나 너무 따뜻하지 않은 혼합된 금발이 잘 어울린다. 라라 스톤(Lara Stone)이나 미첼 훈지케(Michelle Hunziker)의 달처럼 창백한 모습을 선호한다면 태닝을 피하고 피부와 머리카락 모두 가벼운 상태로 유지해야 한다. 메이크업이나 태닝으로 피부를 어둡게 하지 않고 일관성을 유지하는 것이 좋다. 피부가 머리카락보다 더 어두워서는 안 된다는 것을 기억하라!

모든 여름 하위 그룹에 공통적으로 적용되는 마지막 포인트는 대담한 색상인 핑크, 터키 블루, 실버 그레이는 차갑고 연한 톤이어야 한다는 것이다. 붉은색은 항상 피하는 것이 좋다.

봄형

봄형의 특성

이 책에서는 봄형을 사계절 중 다음 두 가지 이유로 마지막에 두었다. 즉 가장 드물고 가장 까다로운 계절이기 때문이다. 이 부분을 마무리하면서 이제야 알 수 있는 예외가 많이 있었다.

봄형 사람을 만나기는 어렵지만, 만나면 의심의 여지 없이 곧바로 알아볼 수 있다. 독특한 밝은 빛(광채) 때문이다. 이 계절에 속한 사람들의 특징은 '빛(광채)'이라는 단어로 요약할 수 있다.

그래프에서 이 그룹은 오른쪽 상단에 있다. 색상이 따뜻하지만 특히 밝게 빛나기 때문이다.

봄형은 다양한 종류의 사람(금발, 갈색 머리카락, 빨간색 머리카락) 및 색상을 포함한 가장 다양한 팔레트를 보여준다. 이 그룹에서는 가장 따뜻하고 오렌지빛뿐만 아니라 많은 파란색도 찾을 수 있다.

다행히도 이 유형을 정리할 수 있는 하위 그룹이 있다. 이 범위에

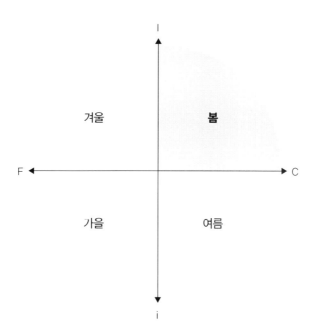

는 브라질의 아리아나 리마(Adriana Lima), 러시아의 나탈리아 보디아노바(Natalia Vodianova), 이탈리아의 키아라 페라그니(Chiara Ferragni), 미국의 엠마 스톤(Emma Stone)까지 다양한 사람들이 포함된다. 남성의 경우 배우이자 감독인 브래들리 쿠퍼(Bradley Cooper), 모델 제레미 믹스(Jeremy Meeks)를 꼽을 수 있다.

언더톤만으로 판단한다면 서로를 알아보기가 어려울 것이다. 높은 밝기와 전체적인 광도가 여름의 연한 색상 또는 겨울의 생기 넘치는 색상도 잘 어울리도록 만들어 주기 때문이다. 더불어 종종 연한 분홍색 빛이 들어갈 수 있다. 가장 밝은 봄형도 종종 상상 이상으로 더많이 태닝이 되며 아름다운 황금빛 피부톤을 가지고 있다.

봄 계절의 분석에서 우리를 안내해 줄 진정한 지표는 색상의 강도다. 봄형은 일부 연한 색상을 견딜 수 있지만, 강하고 밝은 빛나는 색조에서 거의 환상적으로 빛난다. 예를 들면 그래스 그린, 선명한 터키석 색, 코럴 및 오렌지 톤과 같은 것들이다. 이러한 색상은 어떤 여름형에서도 찾아보기 어렵다.

이들은 일반적으로 아름다운 피부도 가지고 있다. 이것은 주로 피부 질감 때문이 아닌, 나이와 습관, 호르몬 및 다른 많은 요소에 따라 달라진다. 그러나 피부톤은 항상 밝고 빛나는 경향이 있으며 밝은 색상을 선호한다.

봄형 사람들은 종종 저녁이나 특별한 경우에도 파운데이션 없이 지낼 수 있는데, 이는 그들의 피부톤이 겨울에도 칙칙하거나 창백하지 않기 때문이다. 그리고 이 특성은 나이가 들어도 지속된다. 한 예로 변함없는 피부를 가진 샤론 스톤(Sharon Stone)이 있다.

다른 변수로는 복숭아색에서 분홍색에 이르는 입술과 기타 점막의 색소침착이다. 눈 흰자 역시 예외적으로 상당히 밝을 수 있다.

봄형의 눈은 카메론 디아즈(Cameron Diaz)처럼 밝고 빛나거나, 케이트 미들턴(Kate Middleton)처럼 황금빛이 도는 녹색일 수 있지만, 머리카락 및 눈썹과 현저한 대비를 이루는 경우가 많다.

눈썹 역시 중요한데, 많은 금발에게서도 눈썹이 상당히 어두운 경우가 많으며, 눈과의 대비를 강화하기 위해 색을 더할 수 있다.

대비에 관해서는 평소 머리카락을 염색하는 봄형은 베이스가 약간 더 진하다면 얼굴 주위에 아름다운 프레임이 생기므로 염색을 뿌리부터 하지 않는 것이 좋다.

머리카락은 마고 로비(Margot Robbie)의 밀 색상 금발에서 케이트

블란쳇(Cate Blanchett)의 적갈색, 모델 사라 삼파토(Sara Sampaio)의 어두운 갈색에서 제시카 차스테인(Jessica Chastain)의 밝은 빨간빛까지 다양하다. 어떤 경우든 밝고 화사하다. 인공 염색의 경우에도 가장 좋은 선택은 재색이나 백금색이 아닌, 자연스럽고 황금빛이 도는 금발이다. 여름형은 노르웨이의 신화를 따른다면, 봄형은 캘리포니아인을 참고한다.

남성은 금발, 금갈색 또는 갈색 머리카락을 가질 수 있지만, 온화한 언더톤을 수염에서 찾아볼 수 있다. 좋은 예는 영화배우 스콧 이스트우드(Scott Eastwood)가 출연한 영화에서 볼 수 있다.

봄형의 머리카락이 희게 될 때는 직접 염색으로 가는 것이 일반적이다. 여름형과는 달리 회색 베이스와의 혼합을 위한 장기적이고 과도한 변화가 없다.

물론 따뜻한 톤과 높은 강도의 범주에 해당한다면 피부가 어둡더라도 봄 범주에 속할 수 있다. CSI 시리즈에 출현한 영화배우 게리 도던(Gary Dourdan)을 예로 들 수 있다.

실제로 색상 패브릭은 항상 우리를 도와줄 수 있다. 겨울형에게는 검은색이 옷장의 기본이라면, 봄형에게는 반대로 적대적 색상이다. 회색 또한 여름형에서는 매우 인기가 있지만, 봄형의 경우 어둡거나 칙칙한 색상은 피해야 한다.

봄형의 하위 그룹과 절대 계절

봄형의 기본 특성은 높은 값(light), 따뜻한 언더톤(warm) 및 높은 강도 (bright)이다. 절대 봄형 외에 스프링 라이트(spring light), 스프링 웜 (spring warm) 및 스프링 브라이트(spring bright)의 하위 범주가 있다.

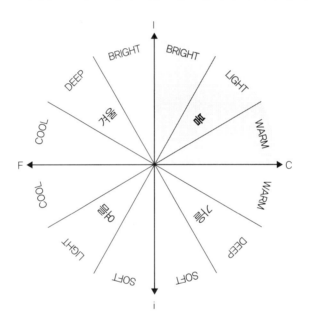

스프링 라이트(spring light): 밝은 봄형

주요 특징은 높은 값이며, 이것은 전체적으로 밝음을 나타낸다. 이 하위 그룹에서는 인공 염색의 도움이 있든 없든 금발이 우세한데, 염색을 하는 경우 일반적으로 자연 금발을 교정하거나 강조하는 데 사용된다. 모델 도젠 크로스(Doutzen Kroes)가 좋은 예다.

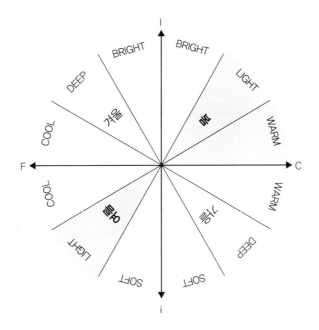

여름형의 라이트 하위 그룹과의 혼동은 밝은색 눈, 피부 및 머리카락에서 발생한다. 그러나 값은 분석하는 특성 가운데 하나일 뿐이며, 무엇보다 언더톤에 독립적인 하나의 변수다. 여러 번 언급했듯이 라이트는 쿨(차가운 것)을 의미하지 않는다.

피부의 미묘한 세부 사항을 더 신중하게 분석해야 한다. 먼저 이 유형에 속한다면 피부가 아무리 밝더라도 자연스럽게 타는 경향이 있다. 그리고 여름형과 달리 브론즈 톤의 아이섀도와 따뜻하고 빛나는 립스틱이 피부를 더욱 빛나게 한다.

마지막으로 색상 샘플을 통해 강도를 평가할 때, 표면적으로는 섬세한 색상을 가지고 있지만 어떤 여름형도 도달할 수 없는 강하고 밝은 색상을 유지할 수 있음을 알게 된다.

강도와 관련된 것은 대비다. 스프링 라이트는 매우 높은 대비를 보여주지는 않지만, 머리카락이나 눈썹의 뿌리 덕분에 어느 정도의 대비를 가지고 있다.

스프링 라이트의 경우 연한 색상들과도 잘 어울리는데, 인접한 서머 라이트 하위 그룹의 연한 부분으로 인해 조금 덜 돋보인다. 밝고 너무 어둡지 않은 한도 내에서 블루 톤도 선택될 수 있다.

스프링 웜(spring warm): 따뜻한 봄형

주요 특징은 따뜻한 언더톤이다. 봄 유형 내에서 가장 낮은 강도 범위에 위치하며, 가을형의 따뜻한 하위 그룹과 경계에 있다. 이 그룹은 해리 왕자와 같은 밝은 피부와 분홍색 오버톤, 자연스러운 빨간색 머리카락을 가지고 있으며, 눈은 푸른색, 하늘색 또는 녹색으로 항상 밝은색이다.

가을형과의 주요 차이점은 전반적인 밝기가 더 높다는 것이며, 강도 또한 더 높다. 추운 계절에는 가을 옷장의 클래식 아이템인 베이지색 트렌치코트나 카멜색 모직 코트를 선택할 수 있지만, 가능하다면 눈을 빛내주고 강조하는 디테일이나 액세서리로 스타일을 살릴 것을 권장한다.

미용 분야에서도 마찬가지다. 가을형이 벽돌색 립스틱이나 테라코타 색까지만 사용한다면, 여기서는 강도 수준을 끝까지 활용하며 코럴과 같은 선명한 컬러를 대담하게 시도해 볼 수 있다. 멋진 예로 영화배우 제시카 차스테인(Jessica Chastain)이 있는데, 그녀는 항상 이 팔레트 안에서 색상을 선택해 모든 공식 행사에 참석하고 있다.

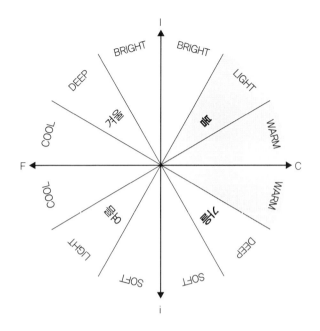

여기서도 가장 큰 적은 검은색과 회색인데, 더불어 은색도 추가할 수 있다. 은색은 피부톤, 주근깨, 특히 주황빛의 머리카락과는 확실하게 대비를 이룬다.

균형 잡힌 눈 메이크업에는 브론즈 색조에 기초하거나 보라색 같은 보완적인 톤을 선택하는 것이 효과적이다. 마스카라의 경우 더 자연스러운 효과를 얻기 위해서 밤색을 선택하는 것이 좋은데, 검은색은 너무 강한 대비와 우아하지 못한 효과를 낼 수 있다. 약간의 밤색 형광이 섞인 갈색 마스카라도 있는데, 가능하다면 구입해 꼭 시도해보길 추천한다.

분석에서 가을형과 봄형에 공통으로 있는 두 하위 그룹을 구분하기 힘들다면, 두 개의 따뜻한 하위 그룹에만 집중하고 지배적인 색상에 초점을 맞추는 것이 좋다. 그렇게 함으로써 톤 이론(Tonal Theory)에 의존하여 어느 계절에 속하든 상관없이 빨간색 머리카락에 잘 어울리는 것에 집중할 수 있다.

스프링 브라이트(spring bright): 화사한 봄형

스프링 브라이트는 윈터 브라이트와 유사하게 높은 강도와 강한 대비가 지배적이다. 이들을 구별하는 것은 이 경우 따뜻한 언더톤이다.

이 유형은 밝고 대비가 뚜렷하며 밝은색 눈에 갈색 머리카락을 가진 사람들로 이루어져 있다. 이 하위 그룹에서도 아름다운 예를 볼 수 있는데, 중국 출신 모델 알렉사 청(Alexa Chung)에서 포르투갈 출신 사라 샘파이오(Sara Sampaio)까지 다양한 인물들이 포함된다.

주요 특징은 눈뿐만 아니라 피부와 전체적인 색조의 빛(광채)이다.

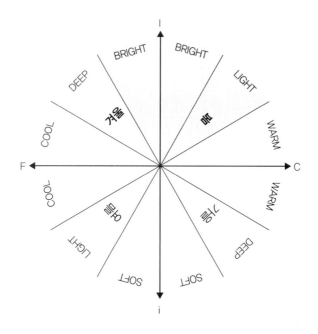

이로 인해 매우 빛나는 봄 팔레트 내에서도 더 화려하고 생동감 있는 색상을 선호한다. 메이크업에서는 다크브라운이나 오타니오 톤의 아이라이너 및 강렬한 코럴 립스틱이 잘 어울린다. 물론 이것은 개인적인 스타일에 따라 다를 수 있다. 미라 조보비치(Milla Jovovich)와 같은 모델은 대담한 화장이 더 적합하겠지만, 기본적인 색상 특성은 동일하더라도 샬롯 카시라기(Charlotte Casiraghi)에게는 어울리지 않을 수 있다.

머리카락의 경우 대비를 강조하기 위해 어두운 베이스는 자연스럽게 유지하고 끝부분을 따뜻하게 처리하면 된다. 기본 색상 값 이상으로 어둡게 하는 것은 절대 권장하지 않는데, 이것은 윈터 브라이트와의 본질적인 차이 중 하나이며, 윈터 브라이트는 자연스럽게 칠흑으로까지 나아간다.

윈터 브라이트 그룹으로 이동하는 장점 중 하나는 그린 에메랄드, 일렉트릭 블루 및 더 보랏빛인 몇몇 빨간색과 같은 흥미로운 색상들을 사용할 수 있다는 것이다.

절대 봄형

절대 봄형은 일관되고 명확하게 봄 팔레트의 모든 특성, 즉 밝은 색상 값, 따뜻한 언더톤, 높은 색상 강도, 중간-높은 대비를 가지고 있다. 이 분류에 속한다면 여러분의 옷장과 미용 선택에도 모두 해당된다. 이는 차가운 색상이나 어두운 색상, 특히 검은색을 제외한 매우 다양하고 다채로운 팔레트를 의미한다.

머리카락은 보통 중간 정도의 금발에서 더 황금빛이 도는 금발인

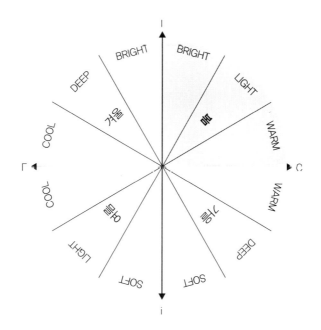

경우가 많다. 또한 항상 밝고 빛나는 눈과 빛나는 피부가 특징이다. 절대 봄형의 팔레트는 가장 다재다능한데, 어두운 금발에서 적갈색을 지나 더 밝은 금발까지 변화할 수 있다. 이 유연성의 완벽한 한 예로 아름다운 러시아 출신 모델 나탈리아 보디아노바(Natalia Vodianova)가 있다.

색상 샘플 테스트에서는 선택의 여지가 많으며, 위 그래프에서 볼 수 있는 봄 팔레트 전체가 이 유형의 색상 혼합과 잘 어울린다. 이 팔레트는 겨울과 같은 계절로 넘어가지 않지만, 다른 팔레트보다 덜 부각되는 색상을 제외하고 또 검은색과 회색을 제외하면 대부분의 색상과 잘 어울린다. 이것이 봄형의 매력이다.

봄형 옷장: 친근한 색상과 적대적인 색상

봄 팔레트는 밝고 따뜻하며 빛나는 색조로 구성된다. 옷장은 카멜 톤 또는 블루 톤에 중점을 둘 수 있다. 종종 간과되지만 남색 역시 봄 팔레트에 완벽하게 속한다. 특히 로열 블루와 같은 더 밝은 남색 톤을 사용할 것을 추천한다. 이 색상은 낮에나 밤에나 모두 잘 어울리기 때문이다.

녹색 중에서는 다양한 선택이 가능하다. 민트, 바질, 사과, 초원, 터키 그린 및 몰디브 같은 다양한 색조를 고를 수 있다. 코럴, 랍스터, 망고, 파파야, 복숭아와 같은 붉은색 또한 좋은 선택이다. 수선화 노란색에서 시클라멘 보라색까지 꽃 색상도 좋다.

웜 하위 그룹에 속하는 남성은 가을의 웜 하위 그룹과 같이 영국 시골의 전형적인 톤인 브리티시 스타일에서 영감을 얻을 수 있다. 또는 네이비 블루도 잘 어울린다.

다양한 패턴들이 모두 잘 어울리지만, 특히 크거나 작은 꽃무늬 패턴이 잘 어울린다. 봄 팔레트를 다루는 것이므로 따뜻하고 빛나는 색상이 우세한 패턴이 좋다. 그러나 동물무늬 패턴은 이 경우 특별히 흥미로운 선택은 아니다. 단, 동물의 털무늬에 직접적으로 영감받은 비교적 이색적인 색상으로 변형된 경우에는 고려할 수 있다.

스트라이프, 체크, 도트 패턴을 좋아한다면 흰색-빨간색 또는 흰색-파란색 조합으로 선택하는 것이 좋다. 그러나 흑백의 깔끔한 조합은 권하지 않는다.

옷장에 베이지색 또는 파란색 트렌치코트와 카멜색 코트가 있으면 더할 나위 없이 좋다. 특히 진하거나 회색빛이 아닌 데님은 재킷이나 셔츠에도 매우 잘 어울린다.

각 하위 그룹의 주요 색상은 라이트에는 터키색, 웜에는 살구색, 브라이트에는 미용에도 고려되는 로열 블루와 코럴 레드가 포함되며, 이들을 조합하는 것도 고려할 만하다. 다시 한번 강조하면 봄 팔레트는 다른 팔레트에서 부족한 색상을 자유롭게 활용할 수 있다.

업무복의 경우 파란색 베이스와 갈색 베이스 사이에서 선택 가능하다. 케이트 미들턴(Kate Middleton)은 공식적인 장소에서 일하는 사람들을 위한 흥미로운 연구 대상이다. 그녀의 드레스 코드가 엄격하고 그녀의 선택에서 영감을 얻을 수 있기 때문이다.

봄형 남자들은 고민 없이 파란색 톤을 선택할 수 있다. 나머지는 생기 넘치는 색상의 멋진 넥타이가 역할을 해낼 것이다.

저녁에는 봄 팔레트 역시 우아한 컬러 옵션이 있는데, 더 밝은 오타니오 색, 보라색, 가벼운 복숭아색 또는 살구색, 라메(lamé) 소재로 구현된 금 또는 브론즈의 효과도 고려한다.

드레스 코드가 검은색이라면 얼굴에 빛을 더해주는 보석과 액세서리를 전략적으로 활용하여 색을 온화하게 조절해야 한다.

봄형을 위한 액세서리와 머스트 해브

파란색 신발과 액세서리가 잘 어울리며, 짙은 갈색과 검은색 역시 잘 어울린다. 이 모든 것은 캡슐 옷장을 위해 선택된 색상에 따라 달라진다. 특히 일과 여가 시간을 분리해야 하는 경우 다른 베이스를 가진 더 많은 캡슐 옷장을 만들어 보는 것도 좋다.

따뜻한 톤의 베이지색 샌들, 골드 또는 브론즈 색조의 액세서리도 고려해볼 만하다. 이러한 아이템은 낮과 밤에 모두 잘 어울린다. 또한 필요한 경우 따뜻한 톤의 샴페인, 크림 또는 비스킷 색조의 누드 속옷도 선택할 수 있다.

색상 조합의 경우 일치하는 색상을 지나치게 매치하는 위험하고 광적인 매치-매치(matchy-matchy)를 피하기 위해 색상 구성표를 적용하여 실험하는 것이 좋다. 자연에서 영감을 받아 봄 꽃다발과 같이 스타일을 구성해 볼 수 있다. 예를 들어 수선화 노란색과 제비꽃색, 수레국화와 양귀비 빨간색 또는 그래스 그린을 결합하는 것이 가능하다. 봄형에 잘 어울릴 수밖에 없는 색상들이다.

이 범주에서 가장 고전적인 안경테는 특히 웜 하위 그룹에게 맞춤인 터틀(거북무늬) 패턴으로 금속 부분이 골드로 된 것이다. 색상은 계절 팔레트에서 자유롭게 선택할 수 있다. 흑색 렌즈에는 밝은 갈색이나 호박색이 완벽하다.

스프링 라이트형에게는 최대한 밝기를 높이기 위해 하늘색 또는 자홍색 아세테이트 안경도 권한다. 옐로 골드 및 로즈 골드도 주얼리로 사용하기에 이상적이다. 화이트 골드와 실버도 라이트 하위 그룹에 나쁘지 않으며 두 번째 선택이 될 수 있다.

보석 또는 준보석의 경우 선택의 범위가 넓다. 따뜻한 색조의 석영(수정), 파란색 또는 보라색의 지르콘 및 자수정과 같은 것들이 해당한다. 물론 강도에 따라 사파이어, 에메랄드 및 루비 등으로 선택의 폭이 넓어진다. 그 효과를 확인하려면 안젤리나 졸리(Angelina Jolie)가 커다란 에메랄드 귀걸이를 착용한 레드카펫 장면을 살펴보면 알 수 있다.

여름 휴가 때는 코럴과 터키석 같은 보석을 고려해 본다. 진주는 크림색과 같은 따뜻한 톤에서는 그 가치를 발휘하지 못하는 보석 중 하나다. 따뜻한 색상임에도 불구하고 진주는 낮은 강도를 가진 사람들에게 적합하다. 이러한 따뜻한 톤을 갖는 유일한 하위 그룹은 스프링 웜이다.

봄형을 위한 미용(뷰티): 메이크업, 머리카락 등

파운데이션의 선택은 라이트 하위 그룹의 밝고 연한 색조에서 브라이트 하위 그룹의 호박색 톤, 웜 하위 그룹의 장미 색조까지 다양한 선택이 가능하다. 이들 하위 그룹을 하나로 묶는 것은 따뜻한 색조이므로, 베이스의 경우 브론즈 및 복숭아색에서 살구색에 이르는 따뜻한 분홍 색조(옅은 빨강)의 블러시를 사용할 수 있다.

봄형에게 인기 있는 눈 메이크업은 브론즈 색조로, 파란색과 하늘색 눈에 잘 어울리는 보완적인 색상이다. 눈동자 색상을 보완하는 또 다른 색상으로는 보라색이 있으며, 특히 녹색 눈에 멋진 효과를 낼 수 있다. 케이트 미들턴(Kate Middleton)과 다른 스프링 브라이트 하위 그룹에게 인기 있는 따뜻한 회색 아이섀도도 사용해 보기를 권한다.

눈 메이크업에 대해서는 봄 팔레트 전체를 사용하지 않는 것이 좋다. 그렇지 않으면 완두콩 녹색 또는 수선화 노란색 아이섀도의 유혹에 넘어갈 위험이 있다. 이러한 컬러는 1980년대 테마 파티와 같은 특별한 이벤트를 위해서만 권장한다.

특별한 날을 위해 강한 메이크업을 원하는 경우 미색 또는 자홍색을 사용할 수 있다. 그러나 이것은 예외로 보며, 젊은 세대나 안검 피로 문제가 없는 사람들에게 적합하다. 입술 메이크업은 복숭아색과 살구색부터 강렬한 코럴 레드까지 다양한 색조를 사용할 수 있다.

머리카락의 경우에는 하위 그룹별로 구별할 필요가 있다.

스프링 라이트형은 대다수가 금발인데, 머리카락을 밝게 할 수 있지만 달 톤에 이르지 않아야 한다. 황금색으로 염색하는 것은 피하는 것이 좋으며, 플래티넘 블론드 염색도 권장하지 않는다. 또한 머리색을 어둡게 변화시키는 것도 추천하지 않는다. 이에 대해 샤를리즈 테론(Charlize Theron)은 몇 번 시도해 봤지만 그 결과가 좋지 않았다는 사실을 잘 알 수 있다.

스프링 웜 그룹의 대다수는 자연적인 빨간색 머리카락으로, 그들은 빨간색 머리를 유지할 수 있는 행운을 누릴 수 있다. 그러나 흰머리가 나기 시작하면 너무 주황색 또는 인공적인 빨간색이 아닌 자연스러운 빨간색을 재현할 수 있는 능력 있는 미용사를 찾아야 한다. 그 이후에는 항상 따뜻한 적갈색 금발로 기본을 유지하는 것이 좋다.

스프링 브라이트 그룹은 항상 다소 어두운 갈색 베이스에서 출발한다. 그들은 대비를 높이기 위해 더 어두운 색상에 도전할 수 있지만, 이것은 얼굴색에 영향을 미쳐 얼굴이 더 강하게 나오거나 더 낡아 보일 수 있으므로 추천하지 않는다. 이 그룹의 경우 기본 어두운 색상을 자연스럽게 유지하는 것이 가장 좋으며, 최대한 끝부분을 약간 밝게 하는 것이 좋다. 이때에도 항상 따뜻한 핫초콜릿 계열의 색조를 사용해야 하며, 강한 태양 빛을 받는 컬러링을 피해야 한다. 머리카락을 밝게 하거나 금발로 변신하는 것은 권장하지 않는다.

팔레트 내에서 가장 화려한 색상 중에 하늘색 또는 보라색도 포함될 수 있다. 봄형의 따뜻하고 밝은 색상의 특징을 잘 나타내기 때문이다.

4부

/

1년 365일
팔레트로 살기

루치아 이야기

루치아는 30대 초반의 여성이었지만, 처음 만났을 때 나는 그녀가 스무 살이나 되었을까 생각했다. 그녀는 작고 외소했으며 날씬한 몸매에 매우 섬세한 외모로 꼭 인형 같았다. 꽃무늬 미니 원피스, 발목에 끈이 달린 신발, 그리고 포니테일로 묶은 머리카락 등 매우 여성적인 스타일도 이를 뒷받침해 주었다.

루치아가 자신에 대해 이야기하기 시작했을 때, 나는 곧 생각을 바꿀 수밖에 없었다. 그녀는 인상적인 경력과 5개 국어에 능통한 매우 결단력 있는 사람이었다. 그래도 뭔가 이상한 점이 있었다. 회사에서 승진이 거론될 때마다 그녀에게는 한 번도 적당한 때가 아니었으며, 그 이유를 이해할 수가 없었다. 아니면 의심을 품었을 수도 있다.

루치아는 말을 잇기 위해 노력했고 끝내 그녀의 얼굴이 눈에 띄게 붉어졌다. "제 말은, 제 문제는 제가 나이보다 훨씬 어려 보여서 아무도 저를 진지하게 받아들이지 않는다는 거예요. 그렇다고 이것을 불평할 수도 없어요!" 사실 요즘은 너무 날씬하고 너무 어려 보이는 것이 문제라는 것을 상상조차 할 수 없다. 그러나 그녀는 이로 인해 자신이 이해받지 못한다고 느끼고 있었다.

이것은 정말로 큰 도전이었으며, 그녀를 더 존경스럽고 신뢰할 수 있도록 만들기 위해서는 그녀를 무겁게 만들거나 낙심시키지 않으면서 자신감을 높여야 했다. 남은 감정은 제쳐두고 이 여성에 걸맞은 이미지 연구에 진지하게 임하면서도 그녀의 부담을 덜어주는 것이 필요했다. 능력과 인간성, 이 두 가지 요소가 언제나 서로 뒤섞이게 되는 것처럼 말이다.

나는 곧 경제적 독립에도 불구하고 루치아가 여전히 부모님과 함께 살고 있다는 것을 알게 되었다. 우리는 많은 시간을 그녀의 집에서 보냈는데, 그곳에서 그녀 어머니의 주시 아래 많은 세션을 진행했다. 그녀의 어머니는 종종 내 질문에 그녀 대신 답하며 그녀에게 말할 기회를 주지 않았다. 상황은 상당히 어색했고, 루치아는 긴장한 미소로 상황을 가볍게 만들려고 노력했지만, 여전히 '집안의 꼬마'로 보이는 것은 명백했다.

나를 가장 놀라게 한 것은 그녀의 옷장이었다. 원피스, 블라우스, 셔츠뿐만 아니라 다양한 액세서리, 심지어 열쇠고리와 휴대폰 케이스까지 많은 핑크색 아이템들을 찾을 수 있었다. 그런데 그녀에게 어떤 색상을 좋아하는지 물었을 때 그녀는 꽤 망설이는 모습을 보였다. 때로는 우리가 그것을 깨닫지도 못한 채 취향과 행동을 따르고 있다는 사실을 알고 놀랄 때가 있다. 의심의 여지 없이 색채 분석을 시작해야 했다.

실제로 색채 분석은 많은 통찰력을 제공했으며, 여기서 말하는 것은 친구인 색상 팔레트뿐만 아니라 핑크색이 그녀의 삶에서 얼마나 중요하며 어떤 의미를 지닐 수 있는지에 대한 것이었다. 사실 핑크색이 그녀에게 잘 어울렸는데, 특히 연한 핑크 계통이 그랬다.

이러한 색상의 장점, 우아함, 여성스러움을 유지하면서도 룩이 너무 어린아이 같지 않도록 조심해야 했다. 따라서 우리는 바비 핑크를 세련된 파우더 핑크로 대체했고, 이를 파란색, 도브 그레이, 핑크 브라운 톤을 기반으로 하는 캡슐 옷장(capsule wardrobe)에 포함시켰다. 장난감처럼 보이던 다양한 액세서리는 추억 상자에 넣어두고 회색 비즈 몇 개로 교체하여 루치아의 청량한 눈동자를 더욱 강조했다. 그리고 어울리는 헤어스타일과 세련된 메이크업으로 나머지를 완성했다.

루치아는 스타일 변화와 함께 마침내 어른이 되었다. 그녀는 먼저 거울 앞에서 어른으로 변화했고, 가족과 동료, 남자친구 등 다른 사람들도 알아차리기에 충분했다.

실제로 루치아는 오랫동안 기다려 온 승진을 했고, (항상 특별한 관계인) 부모님 집을 떠났으며, 일을 하면서 만난 남자와 함께 살기 시작했다. '어른'과 '아이'는 색상과 마찬가지로 상대적인 개념이며, 루치아의 경우도 그렇다.

1

색채 분석과 환경

따뜻한 색과 차가운 색 구별 방법

우리를 둘러싸고 있는 모든 색상은 노랑, 빨강 그리고 파랑이라는 세 가지 기본 색조의 혼합에서 비롯된다. 세 가지 기본 색조를 서로 다른 비율로 혼합하여 전체적인 색상 스펙트럼이 생성될 수 있다는 것은 놀라운 것처럼 보이지만, 이는 7개 음표에서 모든 소리와 멜로디가 생성되는 것과 유사하다고 할 수 있다. 따라서 모든 색상이 서로 다른 비율의 기본 색상의 혼합에 따라 따뜻하거나 차가운 버전을 가질 수 있다는 것을 알 수 있다. 예를 들어 올리브색 같은 따뜻한 녹색과 세이지와 같은 차가운 녹색이 있다.

이 이론에 따르면 따뜻한 색은 내부에 일정 비율의 노란색을 포함하고 있고 태양의 빛과 관련이 있기 때문에 우리는 이를 '태양의 색상'이라고 정의한다. 이 색상은 빨강에서 노랑까지의 모든 오렌지색과 코럴색뿐만 아니라 올리브, 숲, 그리고 초원과 같은 자연의 몇 가지 녹색도 포함한다. 중립색 중에서 베이지색에서 갈색까지의 범위를 따뜻한 색으로 간주하며, 따뜻한 색은 에너지와 열정의 느낌을 전달하고 대사에 직접적으로 영향을 미친다.

반면 차가운 색은 내부에 일정한 양의 파란색을 포함하며, 블루틴 그린, 파인 그린, 에메랄드와 같은 푸르스름한 빛깔의 녹색도 포함한다. 이러한 색상들은 고요함, 부드러움, 평온함, 그리고 평화를 시사한다. 특히 파란색은 불안감을 낮추는 데 도움이 되며, 우리 뇌에서 최대 11가지 진정제 화학물질을 활성화한다고 알려져 있다.

이 분류에 따르면 심지어 빨간색도 따뜻하고 차가운 버전이 있다. 이것은 색상이 수정, 추가 및 제거를 통해 변화할 수 있기 때문이다. 빨간색에 최소한의 비율로 파란색을 첨가하면 차가운 빨간색이 얻어진다. 말하자면 차가운 빨간색은 샤워 체리, 산딸기(라즈베리), 딸기와 같은 베리 톤의 빨간색이다. 반면 따뜻한 빨간색은 항상 옅은 주황색 성분을 가지고 있으며, 코럴색에서 랍스터색, 살구색에서 토마토색까지 다양하다.

색채 조화에서 차가운 빨간색은 얼굴 피부의 온도를 명확하게 드러내는 데 있어 매우 중요하다. 분석 과정에서 주황색과 푸크시아색 또는 코럴 레드와 스트로베리 레드의 드레이프 천을 얼굴 옆에 대고 관찰하여 어떤 언더톤이 더 돋보이는지 파악한다. 일반적으로 차가운 색을 가진 사람들은 의류 및 뷰티 제품에서 오렌지 톤을 모두 싫어한다.

사람들에게서 색의 온도를 알아내기 위해 유용한 또 다른 방법은 금속을 사용하는 것이다. 따뜻한 색은 금이나 브론즈 메탈과 잘 어울리는 반면, 차가운 색은 은과 어울린다. 예를 들어 올리브 그린은 금과 잘 어울리며, 세이지 그린은 은과 어울린다. 또 다른 예로, 사프란 옐로는 금을 선호하며, 레몬 옐로는 은을 선호한다. 노란색 역시 두 가지 언더톤의 변형으로 존재한다.

옷장의 기본 색상으로 보면 파랑, 회색 및 검은색은 차가운 팀에 속하고, 베이지색, 갈색 및 카멜색은 따뜻한 팀에 속한다.

요하네스 이텐(Johannes Itten)의 색상환

요한네스 이텐은 색상환(색상원, 색상휠이라고도 함)을 발명한 것으로 유명하다. 구글에서 간단히 검색해 보면 미술, 그래픽, 디자인 및 패션 분야에서 널리 알려져 있는 도구임을 알 수 있다. 이는 도료 선택을 위한 건축자재점에서도 찾을 수 있으며, 패션쇼 중 메이크업 아티스트의 주머니 안에도 찾아볼 수 있다.

이 원의 중심에는 세 가지 기본 색상, 즉 1차 색을 포함하는 삼각형이 있다. 이 기본 색상을 혼합하여 2차 색을 얻을 수 있다. 가장 바깥쪽 원에는 추가적인 혼합을 통해 얻은 12가지 3차 색, 즉 중간 색상이 포함되어 있다. 기본 색상 또는 1차 색은 다음과 같다.

- 빨강
- 노랑
- 파랑

이들 색은 다른 색상의 혼합에서 탄생하지 않은 순수한 색이다. 이와 달리 다른 모든 색은 서로 다른 비율로 세 가지 1차 색을 혼합해서 만들어진다.

2차 색은 주황, 녹색 및 보라이며, 다음과 같이 두 가지 기본 색상을 동일한 비율로 혼합해서 만든다.

- 주황 = 50% 노랑 + 50% 빨강
- 녹색 = 50% 노랑 + 50% 파랑
- 보라 = 50% 파랑 + 50% 빨강

3차 색은 중간 색상이라고도 하는데, 서로 인접한 1차 색 한 가지와 2차 색 한 가지를 동일한 비율로 혼합해서 만든다.

- 3차 색 = 50% 1차 색 + 50% 2차 색

이 혼합을 통해 "따뜻한 색상에는 노랑의 특정 비율이 있고, 차가운 색상에는 파랑의 특정 비율이 있다"는 말이 무엇을 의미하는지 더욱 명확해진다.

그러나 이텐은 흰색과 검은색을 고려하지 않았으며, 이러한 색상을 '비색(무색)'으로 간주했다. 그러나 색채 조화에서는 이 색들도 완전한 색상으로 본다.

색상 구성표와 조합

색상과 관련된 또 다른 주제는 종종 우리가 편하게 결정을 내리게 하지만 때로는 적절하지 않은 결정을 내릴 수 있는 색상 조합에 관한 것이다. 여기서는 색상 조합의 세계를 탐구하면서 몇 가지 오해를 풀고 우리가 무의식적으로 물려받은 나쁜 습관을 바로잡고자 한다.

나는 몇 년 동안 색상 조합이 옷장 관리에서 가장 어려운 일 중 하나라는 것을 알게 되었다. 색을 포기하는 것은 실수를 너무 많이 하지 않기 위해 택한 임시 변통에 불과하다. 다행히 올바른 조합을 선택하고 조합하는 데 도움을 주는 것으로 인정받는 색상 조합이 있다. 어떤 조합인지 알아보자.

참고로 요하네스 이텐의 색상환은 모든 의문을 해소하는 데 도움이 된다.

단색 조합

단색 조합은 단순히 한 가지 색상을 사용하여 다양한 색조, 음영 및 톤으로 나타내는 것을 말한다. 동일한 색상의 세 가지 다른 명암 버전으로 구성된 아이섀도 팔레트를 생각해 보자. 좀 더 단순한 예로 청바지 위에 파란색 셔츠를 입는 것이다. 기본 색상은 항상 파란색이지만 다양한 음영과 특징이 있다.

유사 조합

유사 조합을 만들기 위해서는 이텐의 색상환에서 인접한 두 가지 이상의 색상을 조합하면 된다. 다소 기술적이고 적용하기 어려워 보일 수 있지만, 여름 옷이나 수영복에서 자주 발견되는 분홍색과 주황색의 조합을 생각해 보자. 바로 이것이 유사 조합이다. 파란색과 녹색도 유사 조합이다. 인디고와 에메랄드 색도 마찬가지다.

보색 조합

보색은 가장 아름답다고 생각되며, 이텐의 색상환에서 서로 맞은편에 위치한다. 또한 약간 마법적이며 이들의 정의는 수수께끼를 연상시킨다. 즉 혼합하면 상쇄되고, 함께 놓이면 부각된다.

메이크업을 생각해 보자. 화장품 가게에서 녹색 컨실러를 본 적이 있을 것이다. 물론 외계인을 위한 것은 아니다! 붉은빛이 도는 베이스로 피부 결점을 없애는 데 아주 유용한 도구다. 붉은 기미나 여드름에 덧바르기만 하면 하얗게 변하는데, 이후 평소처럼 파운데이션을 바르면 성가신 결점이 사라진다. 같은 원리로 외과 의사의 가운(수술복)과 수술실 등 의료 시설에서 사용하는 직물들은 모두 녹색이다. 녹색과 접촉하면 붉은색이 덜 눈에 띄기 때문이다.

보색은 또 다른 이유로도 마법적이다. 두 색을 나란히 놓으면 부각된다는 것이다. 다시 메이크업으로 돌아와서, 파란색 눈을 더 돋보이게 하는 방법은 무엇일까? 보색 조합에 의하면 최대한 빨간색 톤(또는 원한다면 브론즈)에 집중해야 한다. 물론 파란색 눈이지만 차가운 언더톤인 경우 붉은 차가운 톤인 밤색을 활용하는 것이 좋다. 같은 원리가 녹색 눈에도 적용된다. 보색은 보라색이며, 이 색은 녹색 눈의 톤을 강조하거나 옅은 녹색빛이 나는 갈색 눈을 돋보이게 하는 데 완벽하다. 이 경우에도 차가운 버전(자두색)과 따뜻한 버전(멜란지색)이 있다.

따라서 눈동자의 색상에 아이섀도를 맞추는 좋지 않은 습관을 버리는 것이 좋다. 인공적인 색이 눈의 색을 압도해 결과적으로 우리 눈의 색이 강화되는 대신 약해지기 때문이다.

다른 색상 조합

다른 색상 조합에는 세 가지 이상의 색상이 포함될 수 있다.

- **분할된 보색**: 이텐의 색상환에서 아무 색상이나 선택하고 그 색상의 보색을 찾아 인접한 두 색상을 사용한다.
- **등거리 삼색조**: 이텐의 색상환에서 동일한 거리에 있는 세 가지 색상을 사용하여 만든다. 이 조합은 자극적인 효과가 있으며 스포츠웨어에 자주 사용된다.

앞서 소개한 규칙 중 일부는 추상적이고 적용하기 어려워 보일 수 있지만, 사실 이러한 색상 구성표는 우리 주변에서 매일 볼 수 있다. 웹사이트의 그래픽, 슈퍼마켓 제품 포장, 메이크업 팔레트, 심지어 어린이 장난감에서도 볼 수 있다. 어린이용 장난감의 경우 시각적 자극이 특히 중요하다. 보라색 바지를 입은 녹색 몸의 슈퍼히어로로 헐크를 생각해 보라. 보색이 아닌가? 이 외에도 수많은 예들이 있다. 이제 새로운 시선으로 주변을 둘러보며 발견해 보기 바란다!

색상 조합의 규칙과 비밀

앞서 우리는 색상 조합을 위한 매우 구체적인 패턴이 존재한다는 것을 알아보았지만, 실제로 몇 가지 트릭(그리고 약간의 용기)만 있으면 색상을 활용하고 아름다운 조합을 거의 무한대로 만들 수 있다. 이에

나만의 색상 조합에 대한 규칙과 비밀의 10계명을 다음과 같이 제시한다.

1. 조합하지 마라!

약간 도발적인 얘기처럼 들릴 수 있지만, 효과적인 색상 조합을 위해서는 매치 매치(matchy-matchy)라고 부르는 너무 조정된 효과를 피하는 것이 좋다. 옷차림의 모든 디테일에서 한 가지 색상을 완벽하게 조화시키는 것보다는 2개 또는 3개 색상 간의 대비가 더 효과적이다. 예를 들어 귀걸이, 가방, 벨트, 아이섀도, 메니큐어, 신발 등 모든 것을 동일한 색으로 조화시키지 말고 대조를 이루는 색상을 선택한다.

2. 단색 의상에도 규칙이 있다!

다양한 변형을 포함하는 한 가지 톤의 단색 의상을 선택하는 경우 다음과 같은 규칙을 따르는 것이 좋다. 첫째, 색상의 온도가 따뜻하거나 차갑거나 동일해야 한다. 예를 들어 2개의 노란색을 조합할 때 이들이 모두 따뜻한 색조여야 한다. 해바라기 노란색에는 레몬 노란색을 조합하지 않아야 하지만, 황금 노란색은 괜찮다. 둘째, 색상의 밝기(강도)가 유사해야 한다. 밝거나 어두운 것 중 하나를 선택하는 것이 좋다.

3. 온도의 문제

먼저 여러분의 언더톤을 확인한 다음 옷장에 있는 옷들을 동일한 온도로 변경한다. 이 작업의 장점은 무엇일까? 첫째, 입는 모든 것이 피부톤을 부각시키고, 둘째, 기초가 공통적이기 때문에 모든 것이 서로 어울린다는 것이다.

4. 강도를 맞춰라!

앞서 지나친 조합을 피하는 것이 좋다고 했다. 그 대신 대비를 신경쓰는 것이 좋다. 여기서 대비란 밝은 색상과 어두운 색상을 의미한다. 다만 둘 다 밝거나 둘 다 어두워야 한다. 예를 들어 형광색과 연한 파스텔색의 혼합은 피해야 한다.

5. 액세서리 색상을 조합하는 방법

1960년대까지 신발과 가방은 색상을 맞추는 경향이 있었는데, 이후 서서히 그 규칙이 사라졌다. 오늘날에는 공식적인 경우가 아니라면 액세서리 조합에서 대비를 이루는 것을 선호한다. 이때에도 앞서 나열한 규칙을 준수한다.

6. 매니큐어 색상을 조합하는 방법

액세서리에서와 마찬가지로 매니큐어의 규칙은 매우 엄격했다. 손톱과 발톱의 매니큐어는 항상 같아야 했고, 립스틱 색과도 일치해야 했다. 오늘날에는 메이크업에 있어서 훨씬 더 자유롭고 실험적이며, 특별히 공식적인 행사를 위해서만 이 규칙을 따른다. 이 외에 손톱과 발톱의 색상을 조합하고 싶지 않을 경우 한쪽은 원하는 색을 사용하고 다른 쪽은 중립색을 사용한다. 서로 다른 색상을 사용하는 것은 산만해 보일 수 있으므로 권하지 않는다.

7. 메이크업 색상을 맞출까?

조화된 조합과 너 이상 유효하지 않은 조합 중에서는 옷과 동일한 색상의 아이섀도를 언급할 수 있다. 메이크업 아티스트가 아니라면 이것은 매우 대담한 선택이다. 피부톤과 눈동자의 색상을 강조하고 1980년대 스타일의 비극적인 효과를 피하는 것이 더 나은 선택이다.

8. 기초를 만들어라!

조합을 단순화하기 위해 자신의 색상 특성과 가장 유사한 중립색을 선택하고 그것을 '옷장의 기초'로 선ⓒ택한다. 이 색상을 기준으로 코트와 액세서리 캡슐을 만들어 다른 모든 것의 중심에 둔다. 이에 대해서는 나중에 더 언급할 예정이다.

9. 팔레트가 모든 것을 해결한다!

자신의 팔레트를 아는 것의 장점 중 하나는 그 안에 있는 모든 색상을 서로 조합할 수 있다는 것이다. 그러므로 한번 팔레트를 발견하면 게임 끝이다! 마법처럼 들릴 수 있지만 실제로는 매우 간단한 말이 있다. 팔레트의 색상은 모두 미리 동일한 색상 톤과 강도 특성으로 선택되기 때문에 서로 '형제'라는 사실이다.

10. 양이 아니라 질의 문제다!

많은 사람들이 의상에 어울릴 수 있는 최대 색상 수가 몇 개인지 묻는데, 우리가 예상하는 두세 가지 색상보다도 많을 수 있다는 답변을 들으면 깜짝 놀란다. 이를 설명하기 위해 항상 합창단과 비교한다. 두 사람이 끔찍할 정도로 음이 맞지 않을 수 있는 반면, 50명 이상의 합창단원이 천상의 멜로디로 우리를 기쁘게 할 수 있다. 예를 들어 에르메스 스카프 한 장에서 모든 색상이 완벽하게 조화를 이루고 있는 40가지 다른 색상을 찾을 수 있다. 중요한 것은 색상을 조합하는 것이지, 숫자는 상관 없다.

파란색과 검은색 및 기타 상징적 조합

패션의 커다란 미스터리 중 하나는 파란색과 검은색을 어떻게 조합해야 하는가 하는 문제다. 이에 대해 분노하는 사람과 인정하는 사람이 있지만, 어떤 것이 올바른 규칙일까? 이 조합을 완전히 거부하는 것은 1950년대의 유산이다. 그 시절에는 모든 것이 극도로 조화로워야 했기 때문에 사실상 2개의 기본 색상을 조합하는 것은 상상할 수 없는 일이었다. 다행히 시대가 변하고 오늘날에는 파란색과 검은색을 조합하는 것이 허용될 뿐만 아니라 매우 '스타일리시' 할 수 있다. 몇 가지 규칙을 따르는 한에서 말이다. 절대적으로 피해야 하는 것부터 시작해 보겠다.

　파란색이 매우 어두운 경우나 두 원단이 지나치게 유사한 경우에는 검은색과 파란색을 조합하지 않는다. 더 자세히 설명하자면, 이 두 색상을 조합하려면 각각의 정체성을 유지하는 것이 옳다. 파란색이 검은색과 구분하기 어려울 정도로 매우 어두울 경우에는 두 색상이 서로 다르다는 것을 알 수 있으므로 이 두 가지 색상을 함께 조합하지 않는다. 예를 들어 어두운 파란색 팬츠에 검은색 작업용 재킷을 추천하지 않는다. 그렇지 않으면 아침에 눈을 뜨지 않고 어둠 속에서 옷을 입은 것 같은 효과가 나타날 수 있다. 그러나 블랙 튜브 원피스에 블랙 카디건을 입는다면 완벽하게 어울릴 것이다.

액세서리는 파란색 의상을 입으면 검은색으로 하면 된다. 그러나 그 반대, 즉 검은색 옷에 파란색 액세서리는 일렉트릭 블루 또는 특별히 밝은 파란색이 아니라면 권하지 않는다.

외투의 경우 파란색이 매우 밝다면 기본 색상으로 고려되지 않으므로 검은색과 충돌하지 않는다. 일반적으로 파란색 코트는 검은색 비즈니스 정장에 완벽하게 어울리고, 그 반대의 경우도 마찬가지다.

업무복에서 특별한 날을 위한 복장으로 넘어갈 때, 가장 빛나는 원단과 귀중한 재료 덕분에 저녁에 파란색과 검은색을 조합하는 것이 매우 세련되고 우아한 선택이 될 수 있다. 간단히 말하면 아르마니 스타일이라고 할 수 있다.

예를 들어 파란색 블라우스와 검은색 바지의 조합은 멋진 아이디어다. 이 스타일은 결혼식이나 더 격식 있는 행사에도 적합하다. 여기서 중요한 것은 원단이다. 스커트의 경우 약간 더 주의가 필요하며, 이에 따라 스타킹과 신발도 맞춰야 한다. 원피스 또는 투피스 스타일인 경우 파란색과 검은색 컴비네이션은 훌륭하고 우아한 선택이다. 액세서리는 항상 검은색으로 선택하거나 누드 컬러로 대비시켜 보고, 필요한 경우 양말은 검은색으로 선택한다.

슈트에 대해서도 짧게 다뤄보자. 파란색과 검은색의 조합은 격식 있는 의상에서 주로 사용되며 함정이 있을 수 있다. 재킷과 스커트는 같은 색상이어야 한다. 파란색 슈트는 검은색 액세서리와 잘 어울리지만, 그 반대는 성립하지 않는다. 파란색 슈트에 스커트가 포함되어 있다면 스타킹은 검은색이 되고 신발과 조화를 이룰 수 있다. 그러나 재킷부터 신발, 심지어 양말까지 모든 부분을 파란색으로 통일하는 것은 피하는 것이 좋다.

매치-매치에 대해 말하자면, 두 가지 동일한 파란색을 찾는 것이 좋은데 이는 거의 불가능하다. 두 가지 검은색도 마찬가지다. 따라서 유사한 것보다는 다른 것 두 가지를 조합하는 것이 좋다.

직장에서 파란색과 검은색은 매우 마법적인 조합이다. 필요한 경우 직물과 액세서리에 주의를 기울여 흰색이나 회색으로 조합을 깨뜨릴 수 있다. 남성용 의류에서도 이 이론이 확인된다. 나는 이 두 가지 색상만 입는 남성들을 알고 있는데, 그들의 옷장에는 작은 색상 차이로 쌓여 있는 파란색 스웨터, 동일한 색상의 여러 벌의 슈트와 드레스 셔츠, 역시 동일한 색상의 많은 티셔츠와 약간의 흰색 셔츠가 있다. 지루하게 보일 수 있지만, 아르마니의 유명한 말처럼 "우아함은 주목받는 것이 아니라 기억되는 것"이라고 할 수 있다.

남성의 경우 규칙이 매우 단순하다. 짙은 파란색 슈트는 검은색 신발 및 검은색 벨트와 조화를 이루어야 한다. 특히 정장은 액세서리가 서로 조화를 이루는 것이 필요하다. 회색 슈트 위에 파란색 코트와 롱 코트를 무난하게 착용할 수 있으며, 모두 검은색 액세서리를 함께 선택한다. 여가 시간에도 파란색-검은색 조합을 자유롭게 활용할 수 있다. 어두운 파란색 스웨터나 카디건은 검은색 바지와 아주 잘 어울린다. 파란색 재킷과 검은색 바지를 조합할 때는 원단이 다른지, 파란색이 더 밝고 구별 가능한지 고려해야 한다. 두 가지가 서로 비슷하게 보인다면 하나를 선택하는 것이 좋다.

여성용 파란색 슈트는 검은색 액세서리와 함께할 수 있으며, 파란색이 더 화려한 경우에만 그 반대가 작동한다. 파란색과 검은색으로 이루어진 투톤 가방과 함께라면 검은색 옷과 조합하는 것이 좋다. 신발과 스카프의 경우 여기서 가장 이상적인 조합은 파란색 의상에 검은색 액세서리다. 종종 검은색-파란색 패턴이 있는데 체크 또는 꽃무늬와 같은 것들이다. 이 패턴을 검은색과 조화되게 매치하는 것이 가장 좋으며, 흰색 또는 연회색으로 조화를 이루는 것도 좋다.

마지막으로 신발에 대해 심층적으로 알아보자. 파란색 신발은 양말 없이 또는 짙은 회색 양말과 함께 신는다. 갈색 양말은 어떤 색상의 신발에도 잘 어울리며, 특히 컬러풀한 신발과 잘 어울린다. 특별한 저녁과 공식 행사를 위해 파란색 신발에 얇은 검은색 스타킹을 신을 수 있다. 투톤 신발이나 다른 조합에서도 언제나 검은색을 우선적으로 고려해야 한다. 파란색과 검은색은 일반적으로 차가운 색상이며, 따라서 파란색과 검은색의 조합은 차가운 피부톤을 가진 사람들에게 적합하다.

패턴을 조합하는 방법

자신의 룩을 가볍게 하고 엄격한 인상을 덜어내고 싶을 때 패턴을 활용할 수 있다. 태도나 표정이 엄격하거나 진지한 사람을 '대쪽 같은 사람'이라고 하는데, 색상 언어로 표현하면 '단색'이라고 할 수 있다. 이러한 이미지를 바꾸고 싶다면, 예를 들어 올 블랙의 업무복을 프린스 오브 웨일스(Prince of Wales) 체크 패턴의 슈트로 바꾸거나, 회색 블라우스를 작은 도트 패턴 블라우스로 바꾸거나, 파란색 바지를 줄무늬 바지로 바꾸는 것만으로도 충분하다.

패턴을 조합할 때 가장 중요한 규칙은 항상 패턴 내에서 하나 또는 그 이상의 색상을 선택해야 한다는 것이다. 특히 패턴 내에서 더 작고 빈도수가 적은 소수 색상을 선택하여 이 색상을 다른 의상에 사용하는 것이 좋다. 이 규칙은 꽃무늬에서 체크무늬, 캐시미어 패턴에서 광학적 패턴에 이르기까지 모든 유형의 패턴에 적용된다.

흑백 패턴의 경우에도 이 규칙이 적용된다. 예를 들어 흰색 도트 무늬가 있는 검은색 스커트가 있다면 흰색 셔츠를 선택할 수 있다. 그러나 패턴이 균일한 경우, 즉 줄무늬나 바둑판 무늬의 경우 두 색 중 하나를 선택하는 것은 중요하지 않다. 여기에 더 흥미로운 두 번째 옵션이 있다. 즉 강조 효과로 빨간색을 추가하는 것이다. 특히 언더톤이 차가울 경우 더 효과적이다. 나중에 더 자세히 살펴볼 것이지만 흰색, 검은색 및 빨간색은 깊은 의미와 오랜 역사를 갖고 있는 고대의 색상으로, 특히 처음 두 색상이 패턴을 만들고 빨간색으로 강조를 할 때 강력한 효과를 내게 된다. 이러한 조합은 피부–눈–머리카락의 강한 색상 대비를 가진 사람들에게 특히 어울린다.

이 규칙은 메이크업에서도 마찬가지로 적용된다. 예를 들어 검은색 아이라이너와 흰색 파우더를 언급하면 떠오르는 것은 물론 빨간색 립스틱이다.

흰색과 검은색 줄무늬가 빨간색으로 대체되었을 때도 효과가 있으며, 검은색 대신 파란색을 사용하면 훨씬 더 매력적인 해변 효과를 낼 수 있다. 이 경우 빨간색 웜톤도 잘 작동한다. 파란색과 보색 관계에 있기 때문이다.

다른 인기 패턴인 동물 패턴에 대해서도 알아보자. 동물 패턴은 퓨마 등 동물이 털이나 가죽을 재현하는데, 그중에서 가장 많이 사용되는 패턴은 기린 무늬, 표범 무늬, 호랑이 무늬, 얼룩 무늬, 얼룩말 무늬, 파이썬 무늬 등이다. 다른 패턴과 마찬가지로 크기나 색조가 다양하다. 흑백으로 된 얼룩말 무늬와 같은 경우에는 앞서 언급한 조언이 적용된다. 그러나 클래식한 얼룩 무늬나 표범 무늬와 같은 경우 여러 가지 대안이 있다. 더 파워풀한 룩을 위해 청바지나 가죽 의류와 매치할 수도 있고, 깔끔한 효과를 위해 펜슬 스커트와 조합할 수도 있다. 어떤 경우든 동물 패턴을 사용할 때는 이 패턴을 사용하는 곳에는 포컬 포인트가 만들어지기 때문에 주의해야 한다. 매우 섹시하게 나올 수도 있지만, 반대로 순진한 실수로 연결될 수도 있다.

블레이저나 흰색 셔츠는 어떤 것이든 우아함을 더해준다. 하지만 대지 톤의 색상을 사용하여 더 다채로운 룩을 만드는 아이디어도 매력적이다. 클래식한 베이지색과 검은 얼룩 무늬는 카멜색 코트나 올 블랙 룩에 잘 어울린다. 일반적으로 따뜻한 베이스를 갖는 패턴에는 따뜻한 색을, 차가운 베이스 패턴에는 차가운 색을 사용하는 것이 좋다. 가능하다면 서로 다른 동물 패턴을 함께 조합하는 것은 피하는 것이 좋다.

마지막으로 과감한 조합에 대해 말하자면, 믹스 앤드 매치(mix &

match)는 다른 패턴과 다른 색상의 원단을 조화롭게 조합하는 것을 의미한다. 이는 독특한 스타일과 창의력 있는 성격의 사람에게만 해당한다고 생각할 수 있지만, 실제로는 그렇지 않다. 영화를 좋아한다면 캐리 그랜트(Cary Grant)와 그레이스 켈리(Grace Kelly)가 주연한 〈나는 결백하다(To Catch A Thief)〉를 기억할 것이다. 이 두 배우는 지난 세기의 우아함의 아이콘으로, 이 영화에 나오는 의상만으로도 영화를 다시 보는 가치가 있다. 특히 캐리 그랜트는 항상 넥 스카프를 하고 다녔는데, 내가 가장 좋아하는 의상은 파란색 줄무늬 티와 빨간색 도트 무늬 스트링 목걸이다. 정말 멋지다.

남성 패션과 관련하여 포켓스퀘어(행커치프)와 넥타이를 어울리게 조합할 것인지에 대한 대답은 '아니요'다. 이 둘은 결코 동일한 패턴을 공유하거나 어울리게 조합되지 않는다. 그러나 일정하게 색채 조화를 유지하는 것이 좋다. 즉 동일한 색조와 강도를 유지한다.

2

색채 분석과 옷장

옷장은 꽉 찼는데 입을 옷이 없다?

"또 문제가 있어. 옷장은 옷으로 가득 찼는데 입을 옷이 없어!"

〈섹스 앤드 더 시티(Sex & the City)〉 시리즈의 한 에피소드에서 캐리 브래드쇼(Carrie Bradshaw)가 한 말이다. 역설적으로 들릴지 모르지만, 실제로 그렇다. 옷장 앞에서 결정을 내릴 수 없어서 시간을 낭비하는 일이 얼마나 많은지…. 그리고 그 양을 생각하면 얼마나 낭비인지 좌절스럽다! 여기서 우리는 이러한 문제의 원인을 이해하려고 하며, 여기에도 색채 조화가 관련되어 있음을 확인하게 된다.

효율적인 옷장은 많은 옷을 가지고 있는 것이 아니라 다양한 옷 조합, 즉 다양한 의상을 만들어 내는 것이다. 효과적인 조합과 설득력 있는 의상을 만들려면 '일관성'이 필요하다. 더 잘 설명하자면, 이러한 의상은 색상, 직물 및 스타일 면에서 조화를 이루어야 한다.

더 많은 다양한 의상을 만들려면 옷들이 동일한 색상 팔레트를 따라야 한다. 이는 옷장을 검은색이나 파란색 또는 노란색으로만 갖추는 것이 아니라, 동일한 색채 계열에서 색상을 선택하는 것을 의미한다. 요컨대, 모두 따뜻한 색이나 모두 차가운 색이면 충분할 것이다. 예를 들어 보자. 재킷 50켤레와 신발 30켤레를 가질 수 있지만, 재킷이 모두 갈색이고 신발이 모두 검은색이라면 이것들을 어울리게 조합할 가능성은 없다. 갈색 외투와 파란색 외투를 갖고 있다고 해서 이것이 실제로 2개의 외투를 입을 수 있다는 의미가 아니다. 따뜻한 색의 옷을 입을 때는 갈색 외투 하나만 있고, 차가운 색의 옷을 입을 때는 파란색 외투 하나만 있다. 이 개념을 명확히 하기 위해 수학 또는 대수학을 활용할 수 있다. 우리는 a+b = a+b임을 잘 알고 있지만, a만 있으면 a+a = 2a를 얻을 수 있고, 마찬가지로 b만 있으면 b+b = 2b도 얻을 수 있다(옷장을 최적화하기 위해 수학이 도움이 될 것이라는 생각을 했다면 아마 더 즐겁게 수학을 공부했을 것이다).

옷장을 업그레이드하는 유일한 방법은 모든 것이 서로 잘 어울리게 하는 것이다. 이것은 공상이 아니다. 옷장에 적은 양의 옷을 가지고 있지만 많은 옷을 입을 수 있다. 즉 다양한 조합을 만들어야 한다. 유일한 조건은 모든 것이 팔레트 안에 있어야 한다는 것이다.

사실 팔레트가 옷장의 중심이며, 옷장의 중심을 기준으로 모든 것이 조화를 이루어야 한다. 이는 직물과 스타일에도 적용된다. 이 두 가지 요소에 대한 몇 가지 지침을 소개하겠다. 먼저 직물부터 시작해 보자.

직물은 동일한 무게를 가지고 있고 서로 겹쳐 입기 쉬워야 한다. 이상적으로 저지 또는 얇은 캐시미어 같은 중간 무게의 직물과 계절을 초월하는 특성을 가진 직물을 선택하는 것이 좋다. 예를 들어 40벌의 재킷과 60벌의 셔츠를 가실 수 있지만 모든 재킷이 벨벳이고 모든 셔츠가 리넨이라면 입을 게 없을 것이다.

마지막으로 스타일이 결정적인 문제가 될 수 있다. 진짜 문제는 서로 다른 스타일을 혼합했을 때 발생한다. 개별적으로 구입한 몇몇 의상은 훌륭하지만, 서로 결합하면 어울리지 않는다.

이들은 서로의 언어 코드가 다르기 때문에 의사소통을 할 수 없다. 우리는 초등학교 때 사과와 배를 더할 수 없다는 것을 배웠다. 이와 같은 개념이다. 예를 들어 세일 행사에서 구입한 프릴과 꽃무늬로 가득한 로맨틱한 스타일의 블라우스를 한 번도 입지 않았을 것이다. 평소 즐겨 입는 경쾌한 스타일과 어울리지 않기 때문이다.

더 많은 색상 팔레트, 직물 및 스타일이 옷장에 공존할수록 일관성을 유지하기 어려우며, 입을 옷이 없다는 느낌을 더 많이 받게 될 것이다. 그러므로 진정한 비결은 더 적게 사는 것이 아니라 더 현명하게 사는 것이며, 그리고 일관성을 유지하면서 사는 것이다.

캡슐 옷장을 실현하는 방법

캡슐 옷장의 개념은 항상 내 강의에서 큰 열정을 불러일으키고, 실제로 여성과 남성의 옷장을 최적화하는 데 매우 유용하다. 먼저 정의부터 시작해 보자.

캡슐 옷장(capsule wardrobe)은 그 이름에서 알 수 있듯이 서로 조합하여 다양한 의상을 만들 수 있는 한정된 소수의 의류를 의미한다. 캡슐 옷장에 대해서는 이미 1970년대부터 이야기가 시작되었지만, 1980년대에 도나 카란(Donna Karan)이 '7 Easy Pieces' 컬렉션을 출시하면서 인기를 끌게 되었다. 이 컬렉션은 세계적인 성공을 거두었고 아직도 현대성을 유지하고 있다. 사실 도나 카란의 캡슐에는 블레이저, 스커트, 튜브 드레스, 우아한 팬츠, 보디 슈트 및 일부 핵심 액세서리 몇 개가 포함되어 있다. 이 핵심 아이템은 기본 의류와 필수품으로 구성되어 있으며, 이러한 아이템들은 종종 연중 여러 시즌 동안 동반되며 최신 패션 트렌드에 영향을 받지 않는다. 핵심은 다양성, 색상, 직물 및 스타일이다.

물론 우리는 한 개 또는 여러 개의 캡슐을 만들 수 있다. 예를 들어 업무용과 여가용으로 나눌 수도 있다. 또한 계절별로 봄/여름을 위한 캡슐과 가을/겨울을 위한 캡슐로 나누어 관리함으로써 계절 변화에 대한 불안감을 줄일 수 있다.

캡슐 옷장은 옷장의 핵심이며 공간과 자원을 효율적으로 활용할 수 있게 만들어 준다. 미니멀리즘으로 시작하지만 결국은 생활 철학으로 받아들일 정도로 그 매력에 빠져든다. 마리 콘도(Marie Kondo)라는 이름을 들어본 적이 있나? 이 주제에 대해 사람들과 대화하면서 나는 사람들이 더 이상 아무것도 원하지 않는다는 결론에 도달했다. 단순화하고, 정리하고, 불필요한 것을 제거하고, 본질적인 것으로 돌아가자는 것이다. 물론 캡슐 옷장은 패션 열중자의 옷장과도 호환된다. 유행하는 옷은 캡슐을 중심으로 회전하며 전자의 원자처럼 작용한다. 유행은 오고 가지만, 필요한 순간에 캡슐이 당신을 구해줄 것이다.

우리는 이것을 옷장을 새롭게 정리하는 새로운 방법으로 볼 수 있 시만, 상황에 따라 매우 유용하게 이용할 수 있다. 여행 가방을 효율 적으로 꾸리기 위해 캡슐을 만들 수 있고, 임신 기간 동안 한정적으로 사용할 의류에 많은 돈을 쓰지 않고도 사용할 수 있는 캡슐을 만들 수 있다. 또한 몸무게의 급격한 변화로 옷장을 새로 구성해야 할 필요가 있는 사람들에게도 매우 유용하다. 이것은 새로운 팔레트로의 진환 단계에서 황금 규칙이다. 여전히 팔레트와 관련이 없는 색상으로 가 득한 옷장을 가지고 있거나, 더 나쁜 경우 따뜻한 색상을 가지고 있다 고 생각했는데 옷장 안에 검은색 옷만 있다는 사실을 발견한 경우에 도 도움이 된다.

캡슐 옷장을 만들려면 먼저 자신이 따뜻한 톤인지 차가운 톤인지 알아야 하고, 또한 자신이 속한 계절 유형도 알아야 한다. 그 후 두세 가지 색상의 구성표를 만든다. 각 범주에 대해 몇 가지 예를 들어보자.

겨울형에 속한다면 팔레트에 검은색이 있다면 다행이다. 색상 구 성표는 흰색 및 선명한 분홍색 같은 다른 차갑고 밝은 색상과 짝을 이 루는 것을 볼 수 있다.

가을형에 속한다면 베이지색, 갈색, 테라코타, 포레스트 그린 등 대지 톤을 중심으로 캡슐을 구성할 것이다.

여름형에 속한다면 연한 핑크 및 기타 파스텔 톤과 쉽게 결합할 수 있는 회색, 도브 그레이 또는 파란색과 연결된 색상 구성표에 집중 할 수 있다.

봄형에 속한다면 캡슐 옷장은 주요 색상으로 로열 블루를 선택하 고 코럴 레드를 약간 가미한 흰색과 조화를 이룰 수 있다.

개인 팔레트를 준수하는 것은 미용 관리에도 중요하다. 매니큐어, 립스틱, 아이섀도까지 모두 팔레트에 따라 선택하면 독특하고 식별 가능한 스타일을 가질 수 있다.

보석과 액세서리의 금속 부분에 대해서도 일관성을 유지하고 팔레트의 언더톤을 자연스럽게 따르는 것이 중요하다.

어울리지 않는 색상을 극복하는 방법

마침내 어울리는 색상을 발견한 기쁨 다음에는 수년 동안 모은 팔레트를 벗어난 의류와 액세서리를 생각하면서 고민을 하게 된다. 그렇다면 색채 조화의 체를 통과하지 못한 옷은 어떻게 해야 할까? 만약 그것들이 중요한 의류이고 상당한 예산을 투자한 것이거나 최근에 구입한 것이라면, 그것들을 버리라고 말하지 못할 것이다! 해결책은 있다.

그럼 차근차근 진행해 보자. 먼저 적합하지 않는 색상의 옷에 의한 영향을 어느 정도 줄이기 위해 자신의 팔레트에 있는 금속 소재를 사용한 몇 가지 작은 전략을 활용해 본다. 전형적인 예로는 검은 원피스에 화려한 금빛 목걸이를 매치하거나 라메(lamé) 소재의 상의를 슬립 드레스로 입어보는 것이다. 얼굴 주변에는 귀걸이, 스카프, 목도리, 머리띠 및 모자와 같은 액세서리를 활용할 수 있다.

또한 미용(뷰티)도 큰 차이를 만들어 낼 수 있다. 팔레트에 속하는 머리카락 색을 사용하면 얼굴 주변에 아름다운 프레임을 만들 수 있다. 머리카락은 절대 제거할 수 없는 유일한 액세서리이기 때문에 실제로 가상 중요하다. 머리카락 색뿐만 아니라 헤어스타일과 메이크업 역시 큰 변화를 만들어 낼 수 있다. 두 가지를 함께 고려하면 최악의 의류로부터도 우리를 보호하는 아우라를 만들 수 있다.

팔레트 밖 의류를 어떻게 활용하는지 알아보면, 가장 민감한 문제는 따뜻한 언더톤을 가지고 있을 때 검은색을 근절하는 것이다. '근절'이라는 용어는 약간 극단적이고 변화는 점진적이어야 하지만, 색채 분석 후에 스스로 그 색상이 실제로 어울리지 않는다는 것을 이해해야 한다. 검은색은 당신을 위한 색이 아니다. 보석과 액세서리에 가능한 한 더 집중하라. 색깔이 있는 귀걸이 한 쌍으로도 충분하다. 그리고 예를 들어 동물무늬 또는 단순히 베이지색 또는 금색과 조합을 하는 등, 약간 강제적이지만 효과적인 조합에 초점을 맞춘다. 멋진 파란색 드레스가 있다면 그와 상반된 색상, 즉 오렌지색 또는 코럴 레드와 조화를 이룰 수 있다.

반대로 차가운 색상을 가졌다면 카멜색 코트나 베이지색 캐시미어 스웨터는 어떻게 해야 할까? 이런 경우 구원의 길은 미드나잇 블루 또는 검은색이다. 또한 다재다능하게 사용할 수 있는 멋진 스카프가 여행 동안 동행자가 될 것이며, 여러분이 적합한 컬러로 넘어갈 때 이러한 색들과 균형을 이룰 수 있다.

다른 모든 색상에 대해서는 이전 장에서 언급한 색상 팔레트와 관련된 색상 조합을 참고할 수 있다. 이러한 팔레트에서 종종 색상환 반대편에 있는 색상이 함께 사용된다.

팔레트에 속하지 않는 다양한 색상을 포함하는 패턴들도 동일한 원칙으로 다룰 수 있다. 팔레트에 속하지 않는 색상 중 가장 어울리는 색상을 선택하여 나머지 의상에 사용하고, 팔레트에 속하지 않는 색상은 덜 사용하면 된다.

한편 옷의 색상을 변경하기 위해 염색을 이용하는 사람들도 많다. 편리하게 색상을 변경할 수 있는 다양한 제품들이 판매되고 있다. 물론 민감한 원단에는 사용하지 않아야 한다. 그러나 이러한 경우에도 해결 방법이 있다. 바로 산업용 염색약를 사용하는 것이다. 그렇게 하면 실크 드레스와 같은 민감한 원단의 드레스를 팔레트에 맞게 다시 염색하여 사용할 수 있다.

극단적인 방법 중 하나로 보석을 백금 도금하는 것이 있다. 옐로 골드보다 백금이 더 어울린다고 느끼는 경우 백금으로 바꿀 수 있는데, 이로 인해 가치가 손상되지는 않는다.

또한 중고시장이 크게 성장하고 있는데, 일부 가치 있는 의류를 중고제품으로 판매하는 온라인 및 오프라인 부티크를 이용한다. 이곳은 벼룩시장이 아닌 명품 부티크로, 더 이상 입지 않는 의류를 미련 없이 처분하는 편리한 방법 중 하나다. 큰 돈을 지출하지 않고도 투자 기회를 찾을 수 있는 흥미로운 장소다.

마지막으로 쉽고 비용이 들지 않는 해결책 중 하나는 스왑 파티(swap party)를 하는 것이다. 평소 입지 않는 의류와 액세서리를 교환하는 파티로, 정말 재미있다!

3

색채 조화와 패션(유행)

누가 유행하는 색상을 결정할까?

영화 〈악마는 프라다를 입는다〉에서 메릴 스트립(Meryl Streep)이 연기한 스카이 블루 스웨터에 대한 대사를 기억하는가?(이를 모르는 분들은 지금 바로 확인해 보라!) 그 장면에 우리가 이후 페이지에서 이야기할 내용이 요약되어 있다. 패션 트렌드의 전파를 규제하는 채널과 메커니즘은 무엇이며, 이러한 채널이 색상 사용에 어떤 영향을 미치는지 알아볼 것이다. 즉 무엇이 유행하고, 특히 어떤 색상이 유행하는지 결정하는 것은 누구이며, 어떤 역할을 하는지 알아본다.

트렌드를 전파하는 두 가지 주요 채널이 있다. 첫 번째는 '낙수 효과(trickle down)'라는 표현을 사용할 수 있는데, '흐름이 아래로 퍼져나가는 것'을 의미하며 주로 위에서 스타일을 결정하면 그것을 모방하는 것이다. 트렌드를 시작하는 것은 일반적으로 디자이너, 스타일리스트 및 유행 저널리스트다.

두 번째 표현은 '버블 업(bubble up)'으로 '끓어오르는'이라는 의미이며, 트렌드가 뉴욕의 한 지역이나 이비자 해변과 같은 유행 장소에서 자발적으로 시작되는 경우를 나타낸다. 이러한 트렌드의 창조는 주로 '쿨 헌터(cool hunter)'라고 불리는 트렌드 사냥꾼에게 달려 있다. 이들은 유행이 시작되는 증거를 찾기 위해 유행 장소를 방문해 이미 진행 중인 행동 및 모방되기 시작한 취향을 관찰한다. 그런 다음 이러한 데이터를 유행 분야의 관련 기관에 제공하여 제조업자에게 미래의 유행을 알려주는 데 사용한다. 이 데이터에는 미래에 무엇이 인기 있을지를 보여주는 사진, 스케치, 텍스트 및 사회학적 분석이 포함된다.

앞서 설명한 시스템에 미디어, 영화, 뮤직 비디오, TV 시리즈 및 정치인의 강력한 영향력도 추가할 수 있다. 예를 들어 〈섹스 앤드 더 시티(Sex & the City)〉의 사라 제시카 파커(Sarah Jessica Parker)가 자랑하는 마놀로 블라닉(Manolo Blahnik) 구두나 〈프렌즈(Friends)〉에서 제니퍼 애니스톤(Jennifer Aniston)의 인기 있는 헤어스타일 같은 것들이 있다.

정치와 사회에서 비롯된 유행 중 케이트 미들턴(Kate Middleton)과 관련된 경우를 예로 들어보겠다. 2010년에 케이트와 윌리엄 왕자의 약혼이 발표되었을 때, 팬톤(Pantone)이 제안한 색상 중 하나가 로열 블루였다. 그때 케이트는 다이애나가 소유한 사파이어 반지와 함께 파란색 드레스를 입었다. 《보그(Vogue)》지의 연구에 따르면, 결혼 첫 두 해 동안 케임브리지 공작부인은 공개 행사의 24%에서 파란색 색조의 의상을 입었다고 한다. 미들턴이 패션에 미치는 강력한 영향을 고려하면 로열 블루가 몇 년간 항상 가장 인기 있는 색 중 하나였다는 것은 놀랍지 않다.

한편 계절 색상에 대해 토론하는 여러 기관이 존재한다. 이 기관들은 디자이너뿐만 아니라 사회학자, 심리학자 및 색상 연구자들로 구성된 색상위원회를 구성하여 계절별 색상을 결정한다. 예를 들어 1963년에 설립된 인터컬러(Intercolor)는 디자인, 패션, 가구, 공예, 산업, 예술 및 전통 분야의 색상 전문가들을 위한 가장 유명한 학제 간 작업 플랫폼 중 하나다. 회원들은 주기적으로 만나 앞으로 24개월까지의 색상 트렌드를 예측하고 구체화한다.

'올해의 팬톤'은 어떻게 탄생하나?

팬톤에 대해 더 깊이 이해할 필요가 있다. 우리는 모두 팬톤의 유명한 컬러칩으로 식별되는 머그잔, 다이어리, 의자 및 기타 굿즈를 알고 있으며, 매년 발표하고 있는 올해의 컬러를 기대한다. 펜톤사는 컬러를 식별하기 위한 카탈로그 및 생산을 관리하는 미국의 회사로, 색상 기술 및 산업 분야에서 긴 역사와 함께 중요한 역할을 하고 있다. 주로 그래픽과 색상 식별 시스템의 카탈로그 작성 및 생산을 위한 기술을 다루며, 인쇄에는 CMYK(Cyan, Magenta, Yellow, Black) 방식을 지원하는 기계를 사용한다. 팬톤의 색상은 준비된 혼합물로 하나의 판에 펼칠 수 있기 때문에 더 경제적이고 동시에 간단한 인쇄 방식을 제공한다.

한번 생각해 보자. 만일 여러분이 유럽에 있는데 아시아에 있는 공장에 물건 생산을 의뢰해야 한다면 만들고 싶은 색상을 전화나 이메일로 어떻게 설명할 수 있을까? 말로 색상을 설명하거나 컴퓨터 화면으로 색상을 표현하는 것은 믿을 만한 방법이 아니다. 팬톤사는 이 문제를 해결하기 위해 색상 카탈로그인 팬톤 매칭 시스템(Pantone Matching System, PMS)을 만들었다. 이 카탈로그에는 각 색상에 코드가 할당되어 있는데, 그래픽 분야뿐만 아니라 산업 및 화학 분야에서도 팬톤은 국제적인 표준으로 인정받고 있다.

오늘날 팬톤은 패션, 인테리어 디자인, 산업 디자인, 제품 포장 및 그래픽 디자인을 포함한 다양한 부문에서 제품 개발 및 구매 결정에 영향을 미치는 브랜드로 변모했다. 예를 들어 '올해의 팬톤'과 같은 유명한 이벤트는 다양한 분야에 영향을 끼치고 있다.

2000년부터 시작된 이 마케팅 작업은 현재까지 업계 전문가들과 호기심 많은 이들에게 놓칠 수 없는 일정으로 자리잡고 있다. '올해의 컬러'는 주로 심리적인 측면과 사회적 맥락에 따라 선택되며, 이러한 선택은 다양한 분야에서 나타날 수 있는 트렌드들을 신중하게 평가하고 분석함으로써 이루어진다. 엔터테인먼트 및 영화 제작, 순회 전시회 및 신진 아티스트, 패션, 디자인의 모든 분야, 인기 여행지, 새로운 라이프 스타일, 게임, 최신 기술, 소재, 질감 및 가장 중요한 소셜 미디어 플랫폼에서 국제적 관심을 사로잡는 이벤트에 이르기까지 색상과 관련이 있다. 일반적으로 주요 컬러는 높은 명도의 색상 팔레트와 함께 제시된다.

모두에게 잘 어울리는 색상이란?

내 방식은 항상 패션 트렌드를 따르지 않는다. 오히려 나는 종종 학생들에게 유행이 우리의 적이라고 농담조로 말하곤 한다. 이러한 도발은 패션 세계에서 나오는 트렌드가 모든 사람을 무차별적으로 겨냥하기 때문에 우리 각자에게 항상 도움이 되는 것은 아니라는 점을 강조하려는 것이다.

다시 말해 패션은 우리가 무엇을 입어야 하는지(일명 '머스트 해브')를 알려주는 반면, 이미지 컨설팅은 우리를 어떻게 빛나게 하는지 알려준다. 여기에서 나온 나의 좌우명이 "아름다운 것이 아름다운 것이 아니라 우리를 아름답게 만드는 것이 아름답다"이다.

"이 립스틱은 누구에게나 잘 어울린다" 또는 "이 옷은 누구의 옷장에서도 빠지면 안 된다"와 같은 문구는 기만일 수 있다. 이러한 주장에 의존하면 옷을 입어보거나 특정 색상을 입을 때 자신이 잘못된 것처럼 느낄 수 있다. 내 생각에는 '이 옷이 모두에게 어울리지만 내게 어울리지 않는다면 내게 문제가 있는 것이다'라는 생각이 숨어 있다. 그러나 사실은 어떤 옷이나 색상은 몇몇 사람에게는 잘 어울리고 어떤 사람에게는 전혀 어울리지 않을 수 있다. 우리는 각기 다른 독특한 특성을 가지고 있기 때문이다.

올바른 선택을 하고 좌절하지 않으려면 스스로를 더 잘 알아야 한다. 이렇게 하면 우리를 가장 잘 어울리게 하는 것을 받아들일 수 있고, 현재 패션 트렌드와 일치하지 않더라도 이것을 무시할 수 있다. "It takes two to tango"라는 말과 같이 탱고를 추기 위해서는 두 사람이 있어야 한다. 우리의 색채 특성은 유행에서 제안한 색채 특성으로 짝을 이루어야 한다. 그렇지 않으면 참을성을 가지고 다음 춤을 기다려야 한다.

이것은 유행을 따르는 것을 포기한다는 뜻이 아니라, 외부에서 오는 영향을 걸러내고 우리의 신체적·스타일적 특성에 맞게 적응시킬 수 있는 능력을 갖춘다는 의미다. 생각해 보면 이 접근 방식은 훨씬 더 현대적이고 페미니스트적이다. 패션은 아름답지만, 규칙은 우리가 지정한다. 패션은 제안하지만, 우리가 선택한다. 그리고 무엇보다도 우리는 다름에 대한 권리와 자유를 주장한다.

여기에 우리 각자가 자신의 친근한 색상 팔레트를 알아야 하는 또 다른 이유가 있다. 유행의 노예가 되지 말고 마음껏 가지고 놀기 위해서다. 결국 색상 측면에서도 아는 것이 힘이다.

만약 우리가 패션 중독자라면, 패션 팔레트에 없는 색상을 예외로 두고 앞에서 본 것처럼 보완적으로 조화롭게 사용할 수 있다. 또는 얼굴에서 멀리 있는 액세서리에 중점을 두고 큰 투자를 하지 않아도 되는 저렴한 것을 선택할 수 있다.

검은색의 거짓 신화

검은색이 가진 의미

검은색은 권력, 격식, 계급, 세련됨, 부, 우아함, 심오함, 권위, 신뢰성, 명성, 진지함 등을 의미하지만, 어둠, 죽음, 두려움, 공포와도 관련이 있다. 대부분의 기업 브랜딩은 검은색을 사용하는데, 이는 신뢰성, 우아함, 힘 및 강함의 느낌을 전달하기 때문이다.

그러나 색상을 사용하는 방법을 배우고 싶다면 검은색을 사용하지 않을 가능성도 고려해야 한다. "날기 위해서는 추락에 대한 두려움을 극복해야 한다"는 말을 기억하자. 검은색은 아름다운 무채색이며 특정 상황에서는 고려할 수 있지만, 매일 입지 않아도 잘 살 수 있다!

검은색이 옷장을 지배하는 이유

내가 고객에게 묻는 첫 번째 질문은 "지금 당신의 옷장을 열면 어떤 색이 있나요?"이다. 대답은 거의 항상 '거의 검은색'이다.

어떤 사람들에게 검은색은 안전한 피난처이고, 또 어떤 사람들에게는 진정한 생활 철학이 될 수 있으며, 또 다른 사람들에게는 대안이 없는 것처럼 느껴져 결국은 포기하게 될 수도 있다.

흔히 검은색은 편안함, 게으름, 신중함, 분별력, 수줍음 또는 습관 때문에 숨기는 가면일 경우가 있다. 이 색상을 선택해야 하는 이유가 없다는 것을 알게 되었을 때, 나는 그 고객을 다시 다양한 색상으로 안내하는 것에 큰 기쁨을 느낀다. 많은 경우 작은 불꽃만으로도 새로운 시작을 알릴 수 있다.

검은색을 포기하는 것은 공부를 하다가 직장 생활로 전환할 때 발생하기도 한다. 즉 눈에 띄지 않도록 도와주며, 특별한 인상을 남기는 것을 꺼려 하는 것을 반영한다. 때로는 엄마가 되면서 검은색을 선택하는 경우도 있다. 검은색은 실용적이라고 알려져 있는데, 시간이 없을 때 이상적이다. 얼룩이 덜 보이고, 쉽게 조화를 이루며, 정돈된 느낌을 주기 때문이다. 또한 몸무게를 감추기 위한 편한 조력자가 될 수 있다. 이러한 경우 검은색이 마지막 수단이라고 할 수 있다. "언제부터 이 색상을 사용하지 않기 시작했나요?", "어떤 사건 또는 인생의 어떤 시기와 관련이 있나요?"라는 질문을 고려해 보는 것도 흥미로울 것이다. 때로는 이 질문에 대한 답이 놀라운 삶의 가능성을 열어줄 수 있다.

분명히 나는 검은색을 반대하는 주장을 하는 것이 아니다. 나는 검은색을 사랑한다. 검은색은 실제로 우아하고, 신비롭고, 매혹적일 수 있다. 그러나 이 색상이 팔레트 안에서 다른 색상과 마찬가지로 자유롭고 의식적인 선택이어야 한다. 나는 색상과 이미지 컨설팅에 전념하고 있으므로 여러분을 위해 편한 선택이 아닌, 결국 가장 단조롭고 흔해 빠진 선택을 피하도록 격려하기 위해 모든 노력을 기울이고 있다.

따라서 검은색에 대한 오해를 살펴보고 함께 해결해 보고자 한다. "검은색은 가장 우아한 색상이다"라는 말부터 시작해 보자. 물론 그 매력을 부정하지 않지만, 옷의 우아함은 원단의 가치, 컷, 그리고 디테일에 영향을 받는다. 그렇지 않으면 검은색 면 티셔츠가 흰색 실크 블라우스만큼 우아할 것이다.

또 다른 중대한 오해 중 하나는 토털 블랙(total black)이 풍만한 실루엣을 가릴 수 있는 유일한 해결책이라는 것이다. 말 그대로 검은색만이 실루엣을 가늘게 만드는 것은 아니며, 어두운 모든 색상은 시각적으로 후퇴하는 효과가 있다. 이 범위는 네이비 블루에서 포레스트 그린, 버건디에서 가지색에 이르기까지 다양하다. 실루엣을 가늘게 만드는 데 도움이 되는 다른 색채적 요령으로는 단색 사용, 세로 줄무늬 및 수직 컷, 빛나는 직물보다는 매트한 직물 사용 등이 있다.

또한 어떤 사람들은 검은색이 모든 사람에게 잘 어울린다고 생각한다. 이에 대해서는 이미 충분히 설명했지만 간략히 언급하자면, 검은색이 모든 사람에게 어울리는 것은 아니며 실제로 몇몇 사람에게만 어울린다는 것이다. 구체적으로 이 색상은 겨울형에게는 매우 잘 어울리지만, 그 외 사람들에게는 어울리지 않을 수 있다. 세월이 흐를수록 이 진리를 정확히 깨닫게 된다. 검은색은 특히 메이크업의 경우 얼굴을 어둡게 만들 수 있다. 그러나 컬러는 얼굴을 밝게 하고 활력을 불어넣어 줄 수 있다. 안경이나 기타 액세서리에 사용하면 그 차이를 쉽게 느낄 수 있을 것이다.

검은색은 유용하지만 필수는 아니다

검은색 튜브 드레스로 (또한) 역사에 이름을 남긴 코코 샤넬(Coco Chanel)은 "세상에서 가장 아름다운 색은 당신에게 잘 어울리는 색이다"라고 주장했다.

검은색을 편안한 것으로 생각하지 않기 위해서는 '편의성'을 위해 검은색 의류를 자동적으로 구매하지 말고 사용 가능한 색상 범위를 찾아보는 것이 좋다. 다시 한번 강조하면, 내가 권장하는 접근 방식은 무언가를 포기하는 것이 아니라, 우리에게 더 잘 어울리는 색상에 자신감을 더하고 고려조차 하지 않았던 아름다운 색조를 테스트하는 것이다.

검은색을 교체하기 어렵게 만드는 것은 그것의 가정적인 무결성 때문이다. 그러나 실수를 할까 두려워해서 무언가를 선택할 수 없는 것은 축구에서 항상 수비만 하는 것과 같다. 골을 내주지 않을 수 있지만(이것도 의문이다!) 승리하기는 어렵고 게임도 실제로 지루하다.

또한 때로는 드레스 코드를 무시하기만 해도 큰 실수를 범할 수 있다. 예를 들어 의식에서는 토털 블랙이 금지되어 있으며, 역사적으로 아침 일정에는 검은색이 권장되지 않는다. 공식적인 행사나 저녁 행사에서는 어두운 옷을 권장하지만 반드시 검은색일 필요는 없다. 나는 가을형이기 때문에 청록색에서 밤색, 포레스트 그린에서 황금 노랑까지 내 팔레트의 세련된 색조로 대체한다.

그러나 검은색을 너무 좋아하고 딘색 옷이 가득한 옷장을 가지고 있다면 이런 변화가 극적으로 느껴질 수 있다. 따라서 습관을 완전히 바꾸지 않고 점진적으로 얼굴 주위에 조금씩 색상을 더해보기를 권한다. 작은 액세서리로도 가능하다. 예를 들어 컬러풀한 귀걸이나 목걸이, 대비를 이루는 스카프나 터번, 넥타이 등을 이용해 본다. 이렇게 하면 색상으로의 전환이 덜 강하고 따라서 덜 충격적일 것이다. 그러면 다른 사람들로부터 칭찬을 받게 되고, 이를 통해 올바른 길을 가고 있음을 확인할 수 있다.

5

빨간색: 사랑과 미움

소심한 사람을 위한 색이 아니다

나는 빨간색을 추천할 때 항상 매우 신중하다. 먼저 상대방의 성격과 빨간색을 어떻게 생각하는지 파악하고 나서 조언한다. 빨간색을 즐겨 찾는 팬들은 빨간색을 자신의 색상으로 선정해 의상, 네일, 벽지, 자동차에까지 사용하는 경우가 있다. 반대로 빨간색을 꺼리며 빨간색에 불편함을 느끼는 사람도 있다. 전자에 속하는 사람들은 보통 수줍음이 적고 주목받기를 좋아하는 사람들로, 자신이 눈에 띄는 것을 두려워하지 않고 오히려 주목받지 못하는 것을 더 두려워한다. 이들은 관심을 받는 것을 즐기며 무대의 주인공이 되는 경향이 있고 강한 개성을 가지고 있다. 반면 후자는 조용한 성격을 가진 사람들이다. 이들은 빨간색 옷이나 스웨터를 입는 것을 편안하게 여기지 않으며, 이 컬러를 액세서리로 조금만 활용할 뿐이다.

그렇다면 왜 빨간색이 이러한 의사소통 능력을 가지고 있을까?

왜 다른 색상에 비해 그렇게 강력하게 느껴질까? 일단 빨간색은 움직임과 에너지를 나타내며 강력한 자극 효과가 있다. 빨간색에 노출되면 심장 박동과 아드레날린 분비가 가속되어 신체 대사율이 증가한다. 이 외에도 빨간색은 식욕을 자극하며, 따라서 레스토랑이나 식품 제품 포장에 사용된다. 코카콜라를 생각해 보자. 우리 몸이 빨간색을 간지한다. 빨간색은 또한 강한 연상력을 가지고 있으며, 종종 상면적인 특성을 보인다. 피와 불의 색상, 권위와 정신적인 면을 상징하기도 하지만, 마음, 사랑, 열정, 관능의 상징이기도 하다.

과거에는 빨간색 머리카락이 예술가들에게 숭배의 대상이었지만, 광기, 공격성 또는 성적 타락의 징후로 여겨지기도 했다. 피부색에 따라 성범죄를 저지르는 경향이 있는 것으로 여겨진 적도 있었다. 그렇지 않다는 것이 확실하지만 역사적으로 이 색소가 가지는 힘을 완전히 무시할 수는 없다. 우리는 이 색상을 역사적으로 호메로스의 율리시스, 잉글랜드의 엘리자베스 1세, 페데리코 바르바로사(Federico Barbarossa), 요정 모르가나(Morgana)와 같은 실제 인물과 상상 속의 인물과 연관시켜 왔다.

또한 빨간색은 눈에 띄는 사치와 크리스마스 같은 파티, 그리고 특히 연극과 관련되어 왔다. 우리는 이를 영화, TV 시리즈, 애니메이션에서도 발견할 수 있다. 1984년 영화 〈우먼 인 레드(The Woman in Red)〉에 나오는 빨간색 드레스를 입은 매혹적인 여성, 최근의 〈왕좌의 게임(Game of Thrones)〉에 나오는 빨간색 눈, 1988년 〈누가 로저 래빗을 모함했나?(Who Framed Roger Rabbit?)〉에 나오는 화려한 제시카 래빗(Jessica Rabbit), 1991년 〈델마와 루이스(Thelma & Louise)〉

의 두 화려한 주인공이 그 예다. 이를 저속하거나 우아하지 못한 색상으로 무시해서는 안 된다. 이탈리아에서는 두 가지 탁월한 사례를 생각해 볼 수 있는데, 바로 발렌티노 레드(Valentino Red)와 페라리 레드(Ferrari Red)라는 유명한 색조다.

빨간색이 파워 컬러인 이유

빨간색은 오래전부터 권력과 강한 상징적 연관이 있으며, 이 연관성의 기원은 먼 과거의 역사로 거슬러 올라간다. 이 색상은 원시인들이 살았던 동굴 벽화에서도 발견된다. 피는 전쟁과 세속적인 권력을 상징하며, 불은 종교와 영적인 권력을 나타낸다. 고대 로마에서 빨간색은 원로원과 황제뿐만 아니라 백부장과 전쟁의 신 마르스(Mars)를 상징하는 색이었다. 종교적 상징성에 대해서는 그리스도의 피, 성령의 성스러운 불꽃, 지옥의 불, 그리고 중세의 악마들에 대한 상징과 관련이 있다.

물론 상징성은 실용성과 떨어져 있지 않다. 고대에 빨간색을 값비싼 것으로 만들었던 것은 오랜 생산 과정과 비싼 색소의 희귀성 때문이었다. 즉 빨간색은 권력자만이 가질 수 있는 색이었다. 오늘날 오바마(Barack Obama), 트럼프(Donald Trump), 힐러리 클린턴(Hillary Clinton)과 같은 정치인들이 자주 공개적인 행사나 연설에서 빨간색을 선택한 것은 우연이 아니다. 또한 막스 마라(Max Mara)의 코트를 입은 낸시 펠로시(Nancy Pelosi)를 기억하지 않을 수 없다. 이 하원 의

장은 백악관에서 진행된 트럼프 대통령과의 회담에서 사실상 승리했다. 빨간색 코트 사진은 전 세계를 돌며 세계적으로 성공을 거두었고, 이에 막스 마라는 생산을 재개했다.

빨간색은 자연스럽게 주목을 끌고 유지하는 능력 때문에 대중 연설 상황에서 권장되고 있으며, 특히 빨간색 재킷과 액세서리 또는 빨간색 립스틱이 중요한 역할을 한다. 대중 연설 시 미국 대통령의 넥타이 색상이 무작위로 선택되었을까? 퍼스널 브랜딩 관련 분야에서 일한다면 넥타이 색상에 대한 정확하고 심층적인 통계 연구가 특정한 의사소통 목표와 관련이 있다는 것에 놀라지 않을 것이다. 물론 이것은 미국뿐만 아니라 에마뉘엘 마크롱(Emmanuel Macron), 보리스 존슨(Boris Johnson), 그리고 몇몇 유명한 이탈리아 정치인들에게도 해당된다.

정치에서 경제, 특히 마케팅으로 넘어가면 많은 기업이 자사 제품에 대한 소비자의 관심을 '이끌어 내기' 위해 로고나 포장에 빨간색을 사용한다. 이는 보다 젊은층을 타깃으로 한 브랜드에서 많이 사용되며, 이러한 유형의 전략에 민감한 소비자들에게 효과적이다.

마지막으로 빨간색의 힘에 대한 흥미로운 사실을 한 가지 소개한다. 가장 중요한 축구 경기에서 왜 골키퍼들이 주로 빨간색으로 입고 나설까? 움직이는 빨간색은 패널티킥을 하려는 선수에게 주의를 산만하게 하는 것으로 알려져 있다.

빨간색을 입는 방법

빨간색은 검은색과 마찬가지로 색상 그 이상이며 삶의 철학이다. 따라서 몇 가지 스타일로 빨간색을 입는 방법을 소개하겠다. 우선 모든 사람에게 적용되는 규칙으로, 각자에게 맞는 빨간색을 선택한다. 나는 종종 "입고 싶지만 나한테 안 어울려"라는 말을 듣곤 한다. 이럴 때 나의 대답은 간단하다. 어떤 빨간색을 선택하느냐에 따라 달라진다는 것이다.

차가운 색을 가졌다면 베리 톤의 보랏빛이 나는 빨간색을 선택하는 것이 좋고, 따뜻한 색을 가졌다면 코럴이나 토마토 같은 주황색이 들어간 빨간색이 더 어울릴 것이다. 사계절 이론에 따라 빨간색의 적절한 톤을 할당할 수 있는 네 가지 색상 유형이 있다. 겨울형은 오드리 헵번(Audrey Hepburn)을 대표로 하는 계절로, 루비와 같은 차갑고 밝은 빨간색이 좋다. 가을형은 소피아 로렌(Sophia Loren)과 같은 계절로, 따뜻하고 향신료 향이 나는 주황빛 빨강이 잘 어울린다. 여름형은 그레이스 켈리(Grace Kelly)의 색상을 대표하는 계절로, 수박처럼 연한 분홍빛 빨간색이 어울린다. 마지막으로 봄형은 로미 슈나이더(Romy Schneider)의 색상에 해당하는 계절로, 따뜻하고 생생한 코럴 레드가 적합하다.

빨간색 토털 룩은 확실히 도전하는 것을 두려워하지 않는 사람들을 위한 것이다. 하지만 대담하고 매혹적인 스타일을 생각할 필요는 없다. 적절한 원단과 액세서리로도 세련된 결과를 얻을 수 있다. 빨간색 액세서리를 착용하는 것은 더 간단하다. 검은색 코트를 활기차게 립스틱은 손등에 바르고 손가락으로 문질러 보면 된다. 약간 오렌지색을 띠면 따뜻한 색조이며, 핑크색을 띠면 차가운 색조다. 매니큐어의 경우 뚜껑을 열고 유리병의 가장자리를 관찰한다. 유리병 가장자리가 연보라 색을 띤다면 이 빨간색 매니큐어는 차가운 색조다. 원단의 경우 상상력을 발휘하여 생각해 보아야 한다. 표백제 한 방울이 떨어진다면 어떻게 될까? 빨간색이 변색되면 무슨 색이 남을까? 오렌지색이 남으면 따뜻한 색조이고, 분홍빛이 남으면 차가운 색조다.

만들어 주는 작은 빨간색 스카프나, 의상에 더 많은 개성을 부여하는 빨간색 모자일 수 있다. 하지만 진정한 핵심 아이템은 많은 패션 중독자들이 사랑하는 빨간색 핸드백이거나 꼭 대비가 필요한 빨간색 신발이다. 이렇게 하면 지나친 조합 없이 대담함을 표현할 수 있다. 빨간색 핸드백이나 신발이 매력적인 이유는 큰 관심을 끌지 않으면서도 대담함을 표현할 수 있기 때문이다. 흰색 옷이나 검은색 옷에 빨간색 색감을 더하는 것 외에도, 앞서 보았던 색상 조합을 사용하여 다양하고 아름다운 조합을 만들 수 있다.

유사한 색상

만일 뭔가 따뜻한 빨간색 또는 오렌지색을 가졌다면 이를 베이지색에서 갈색까지의 대지 톤 색상과 조합해 본다. 유사한 색상 중에서 빨간색과 푸크시아(선명한 분홍색)라는 확실히 더 대담한 조합을 언급할 수 있다. 두려워하지 말고 두 색상을 조합하되, 두 색상 모두 밝은지만 확인한다.

보색

빨간색은 파란색 및 흰색과도 잘 어울린다. 완벽한 조합은 이러한 색상의 줄무늬 패턴 원단과 함께 입는 것이다. 다른 보색 조합으로는 코럴 레드와 터키색이 있다. 이것은 분명히 여름용이지만, 그럼에도 매우 효과적이다.

6

그 외 색상

파란색의 진중한 매력

파란색은 확실히 서양에서 가장 좋아하는 색상이며, 남성과 여성의 선호도에서 첫 번째 자리를 차지한다. 색채 조화 관점에서 보면 파란색을 첫 번째로 꼽는 것은 놀랍지 않다. 파란색이 탁월한 차가운 색이고 차가운 언더톤은 남녀 모두에게 가장 흔한 색이기 때문이다. 파란색은 계절적 방법을 고려하면 팔레트 4개 중 3개에 존재한다. 차가운 언더톤 계절인 겨울형과 여름형은 주로 파란색만으로 살 수 있다. 그러나 봄형 또한 터키색에서 로열 블루에 이르는 가장 밝고 빛나는 색조의 파란색을 상당히 가지고 있다. 이 마법의 원에 속하지 않은 계절은 가을이다. 노란색에서 빨간색까지의 범위를 좋아하며, 대부분의 파란색 색조에서는 어려움을 겪는다. 그럴 때는 내부에 약간의 노란색 성분을 가진 녹색으로 돌아가야 하는 경우가 많다.

종교적인 상징물 중에서도 파란색은 가장 선호되는 색상 중 하나다. 그중에서도 파란색 망토를 입은 성모 마리아와 같은 기념비적인 상징물을 기억해 볼 수 있다. 마리아는 하늘로 승천하기 위해 파란색 망토를 입은 것으로 알려졌으며, 하늘의 아버지인 하나님 역시 파란색으로 표현된다. 개신교 개혁 시대에 파란색은 차분하고 보수적인 매력, 그리고 다소 고지식한 특성으로 인해 최종적으로 정식 인정받게 된다.

파란색은 모두가 좋아하는 색상이며, 이에 따라 유럽 연합과 유엔의 국기에도 포함되어 있는 등 어디서나 만날 수 있는 색상이다. 파란색은 왜 이렇게 특별한 의미를 가지고 있을까?

파란색은 확실히 내성적인 색상이며, 물과 하늘을 연상시키기 때문에 거대한 높이(탁월함), 넓이(관대함), 깊이, 고요함을 나타낸다. 이러한 이유로 파란색은 또한 휴식과 연관된 집 인테리어에도 자주 사용된다.

파란색의 인기를 뒷받침하는 다른 의미로는 권력, 인정, 충성, 성공이 있다. 파란색은 로고 디자인에서 가장 많이 사용되는 색상 중 하나이며, 많은 비정부 기구, 의료 기관 및 기술 회사가 차별성을 전달하기 위해 이 색상을 사용한다. 신뢰와 충성을 상징하기 때문에 이 색상은 소프트웨어 회사, 유명한 소셜 네트워크 및 많은 은행에서도 채택하고 있는데, 이들은 정보나 중요한 가치를 다루며 소비자의 신뢰를 얻어야 하기 때문이다.

노란색: 아이들은 좋아하고 노인들은 싫어하는 이유

파란색이 사랑을 받는 데 반해 노란색은 미움을 받으며, 색상 선호도 순위에서도 항상 최하위를 차지한다. 그 이유를 알아보자. 대부분의 노란색은 따뜻한 색조이지만 우리 대부분은 차가운 색조를 가지고 있다. 따라서 색채 조화에 관한 한 우리 자신의 색채 특성에 따라 색상이 선택되기 때문에 좋은 조화를 이루기 어렵다. 노란색 중에도 차가운 노란색이 있지만, 이것은 은색과 잘 어울린다. 그중에서 가장 유명하고 쉽게 구별할 수 있는 것은 레몬 노란색일 것이다. 그러나 이것은 예외다. 노란색이라고 하면 주로 태양과 연관된 밝은 색상을 떠올린다. 이것이 다른 모든 색상을 따뜻하게 만드는 특징이다.

색채 계절법의 네 가지 계절을 살펴보면 가을형이 팔레트 안에 가장 많은 노란색 조합을 포함하고 있다. 옅은 노란색부터 사프란, 머스터드, 해바라기색에 이르기까지 다양한 노란색이 있다. 봄 팔레트에서는 밝고 햇빛 같은 노란색 톤인 수선화 노란색으로 나타난다. 그러나 차가운 두 계절에는 거의 존재하지 않으며, 차갑게 받아들이는 유일한 버전인 밝은 레몬 노란색으로만 표현된다. 겨울에는 밝은 레몬 노란색으로, 여름에는 진한 노란색으로 나타난다. 그 외에는 거의 보이지 않는다.

앞서 살펴보았듯이 시간이 지남에 따라 우리의 피부톤은 차가워지는 경향이 있다. 따라서 노란색은 어린이와 젊은이에게 매우 인기 있는 색상이지만, 노인에게는 그렇지 않다. 이는 기술적인 이유뿐만 아니라 노란색이 내포하는 의미 때문이기도 하다. 노란색은 호기심,

기쁨, 즐거움, 긍정성을 표현하며, 사람들을 놀 수 있는 상황으로 즉시 데려간다. 노란색이 어린이집과 놀이방뿐만 아니라 장난감에서도 얼마나 중요한 역할을 하는지 생각해 보면 알 수 있다. 초콜릿 달걀 안에 있는 깜짝 선물도 바로 노란색이다.

녹색 옷을 입은 사람은 자신의
아름다움을 믿는다(아마도⋯)

녹색은 자연, 신선함 및 성장을 상징하는데, 이러한 이유로 사람들에게 진정한 평온을 가져다준다. 빨간색과는 대조적으로 녹색은 자유와 허용의 색상으로도 인식된다. 빨간색이 금지 사항이라면, 반대로 녹색은 자유로운 신호등 빛이다. 또한 휴대전화에서 충전되었음을 의미하는 안심스러운 녹색과 방전 중임을 의미하는 불안감을 주는 빨간색을 생각해 보자.

녹색 옷을 입는 것을 좋아하는 사람은 매우 적으며, '녹색 옷을 입은 사람은 자신의 아름다움을 믿는다'라고 이를 확인시켜 주는 속담도 있다. 색채 조화의 도움을 받아 그 이유를 이해해 보고 언더톤 분석부터 시작해 보자.

녹색은 사실 노란색이 어느 정도 첨가된 파란색에 불과하다. 실제로 대부분의 경우 녹색은 따뜻한 언더톤의 파란색처럼 느껴진다. 가을과 봄은 따뜻한 언더톤을 가지고 있어 자연에서 영감을 많이 받는다. 첫 번째 팔레트는 포레스트 그린이나 올리브 그린과 같이 부드러운 녹색이지만, 두 번째 팔레트는 민트 그린이나 그래스 그린과 같이 더 화려하며 선명한 녹색이다. 하지만 여러 번 언급한 것처럼 대부분의 사람들은 차가운 언더톤을 가지고 있으며, 시간이 지남에 따라 더욱 차가워진다. 여름형과 특히 그에 더해 강도가 더 높은 겨울형과 같은 차가운 계절형은 적합한 녹색을 찾기 어려울 수 있다. 여름형이 세이지 그린이나 밀리터리 그린과 같은 녹색을 선택한다면, 겨울형은 에메랄드 그린이나 페트롤 그린과 같이 더 깊고 화려한 녹색을 선호한다.

녹색을 좋아하는 사람들은 변덕스럽거나 적어도 변화 중인 시기에 있을 수 있다. 역사적으로 간단하게 얻을 수 있었지만 고정시키기는 어려운 색이었다. 어떤 기술을 사용하더라도 녹색은 다른 색상보다 빨리 차가워지기 쉬워 이 색상을 불안정하게 여기게 했다. 불안정성은 운명과 행운의 개념과 연결되어 있다. '녹색의 희망'이라는 표현이 그것이다.

카지노의 게임 테이블은 녹색 천으로 덮여 있다. 어떤 사람들은 미국 달러가 도박 및 금융과 연관이 있다고 주장하지만, 그 탄생에는 몇 가지 전설이 있다. 운을 언급할 때 불행에 대해 이야기하는 것은 피할 수 없으며, 녹색은 완전히 회복되지 못한 색상 중 하나다. 예를 들어 동화에 등장하는 나쁜 용이나, 신비롭지만 조금 위협적인 화성인에 대해 생각해 보자. 항상 녹색 몬스터로 묘사되어 왔다. 그러나 가장 나쁜 것은 아담과 이브의 추방을 촉발한 에덴 동산의 뱀일 것이다.

현실적인 이야기로 돌아와서, 기업 환경에서 녹색은 '환경 친화적'인 이미지를 전달하려는 조직과 성장과 혁신의 아이디어를 전달하려는 사람들 사이에서 큰 성공을 거두고 있다. 지난 몇십 년 동안 녹색 로고의 폭발적인 인기가 있었는데, 예를 들어 맥도날드는 전통적인 빨간색을 더 안정감 있는 녹색으로 바꾸었다.

흰색: 한 명, 아무도 없음 그리고 십만 명

빨간색, 검은색과 함께 흰색은 분명히 원시적인 색 중 하나다. 동굴 벽화에서도 흰색을 찾을 수 있으며, 고대와 현대에 흰색은 큰 인기를 끌었다. 그러나 무엇보다도 흰색은 색상으로서의 존재감을 가졌다. 실제로 흰색이 비색이 아닌 색상으로 여겨진 것은 상대적으로 최근에 와서다.

　내 강의에서 손을 들어 "흰색은 모든 사람에게 잘 어울리는 거죠?"라고 물으면서, 아마도 색채론의 영향에서 벗어나기를 원하는 듯한 학생이 있었다. 이는 흰색이 중립색과 관련이 있기 때문이다. 일반적으로 '흰색'이라는 단어는 종종 공허함과 부족함을 나타낸다. '백색', '백색 식사', '백색으로 가다' 등과 같은 말들이 그것이다. 의류에서도 흰색의 효과를 과소평가하고 그것을 비색으로 생각하는 경향이 있다. 그러나 실제로 흰색은 비색이 아니며, 오히려 따뜻한 것과 차가운 것을 포함하여 여러 가지 음영으로 존재한다. 고대 사람들은 이를 진한 정도에 따라 구별했는데, 라틴어로는 '알부스(albus)'가 흐린 흰색을 의미하는 반면, '칸디두스(candidus)'는 반짝이는 흰색을 나타냈다. 우리도 색채론의 각 계절에 대해 차별화를 시도해 볼 수 있다.

겨울에는 물론 눈의 색상이 연상된다. 광택 있는 흰색, 석고 및 가장 차갑고 밝은 음영들이다. 여름의 흰색은 노란색이 없고 차분하며 회색, 진주색 또는 하늘색으로 약간 기울어진 톤이다. 반면 따뜻한 계절은 미묘한 노란색이 들어간 흰색을 선호한다. 상아색, 크림 백색, 샴페인색 또는 황금 색에 가까운 모든 음영들을 포함한다.

웨딩드레스를 골라보았던 사람 중에는 직접 경험한 분도 있을 것이다. 차가운 톤을 가지고 있다면 따뜻한 톤의 흰색은 슬픈 신부처럼 보일 수 있지만, 차가운 톤의 흰색은 활기와 빛을 줄 것이다. 웨딩드레스에 대해 말하자면, 자연적으로 붉은색 머리카락을 가진 사람에게는 약간 살구색이 도는 흰색을 시도해 보기를 권장한다. 매우 매혹적일 것이다.

한 가지 흥미로운 사실은, 결혼식에서 흰색 드레스를 입는 관습이 비교적 최근에 생겼다는 것이다. 특별한 행사에서는 가장 값비싼 옷을 입는 것이 일반적이었으며, 그 옷은 일반적으로 빨간색이었다. 영국의 빅토리아 여왕이 이 전통을 깨고 결혼식에서 화려한 흰색 드레스를 입었고, 결국 이 관습을 만들었다. 결혼식 패션은 항상 왕실 결혼에서 시작된 트렌드를 따랐는데, 윌리엄과 케이트의 결혼을 목격한 우리 동시대인들은 그것에 대해 어느 정도 알고 있다.

흰색의 의미로 돌아가서, 이 색상이 평화와 지혜의 개념을 가지고 있다는 것은 분명하다. 노화와의 연관성도 있으며, 흰머리와의 연결은 너무나도 쉬운 비유다. 일반적으로 지혜에 대한 이야기도 있지만, 그 이상으로 심지어 성스러움도 언급된다. 역사적으로 흰색은 신성한 빛과 천사를 상징적으로 나타내기도 한다. 이 색상은 또한 순수, 결백, 순결의 느낌과도 관련이 있다.

순백은 청결 및 정확성과도 관련이 있다. 수세기 동안 의류와 가정용 직물은 흰색으로만 이루어져 있었다. 실제로 이 흰색만이 위생의 명백한 증거를 보장했다. 패턴이 있는 속옷과 컬러풀한 침대 시트는 현대에 와서야 등장한 혁신적인 발명품이다. 현대에 와서야 아파트마다 세탁기가 있어서 어느 정도의 청결을 보장할 수 있었기 때문이다. 적어도 이론적으로는 그렇다. 그러나 오늘날에도 흰색은 여전히 병원과 같은 의료 및 보건 서비스 또는 여성 제품에 자주 사용되고 있다.

한편 '흰 장갑으로 다루다'라는 표현이 있는데, 이 경우 흰색은 극도의 주의와 관심의 표시가 된다. 또한 흰색 장갑에 관해서 기억할 만한 것은, 재클린 케네디(Jacqueline Kennedy)가 그것에 집착했던 사실이다. 그녀는 백악관의 모든 행사에서 흰 장갑을 착용했는데, 심지어 드레스와 대조되는 경우도 있었다. 그것은 그녀가 시작한 세계적인 유행 중 하나였다.

나는 남미 동료와 이야기하면서 최근에 몇몇 개발도상국에서 흰색 옷을 입는 것이 풍요로움의 표시임을 알게 되었다. 흰색은 부유한 계층과 관련이 있는데, 분명히 이는 그것을 입는 사람들은 그것을 관리하고 세탁하고 매일 옷을 갈아입을 여유가 있기 때문이다.

분홍색과 그 외 '여성적인' 색상

여기에서는 붉은색에서 연한 붉은색, 연보라색으로 이어지는 범위에 대해 이야기하겠다. 오늘날 분홍색이라고 하면 바로 여성성과 부드러움이 떠오르지만, 분홍색과 파란색이 각각 여성과 남성을 상징하게 된 것은 역사적으로 최근의 일이다. 실제로 16세기까지 분홍색은 연한 빨간색으로 인식되었기 때문에 남성 영역에 더 가까웠으며, 붉은색은 의지력이 강하고 단호하며 열정적인 색상이었다. 이에 반해 파란색은 평온하고 고요함을 나타내며, 과거에는 주로 여성적인 영역과 관련되었다.

20세기 초반에는 남성에게는 어두운 색상을, 여성에게는 분홍색과 같은 더 연한 색상을 결합시키는 경향이 퍼지기 시작한다. 당시에는 스키아파렐리 핑크(Schiaparelli Pink)가 실제로 혁신적인 색상이었다. 그때까지 분홍색은 더 옅은 변종으로만 등장했지만, 기술적인 발전으로 실제로 역사에서 '분홍색 쇼킹'으로 기억되는 분홍색을 만들어 낸 것이었다.

그러나 분홍색을 가장 강조한 시기는 1950년대다. 전쟁 이후 경제 회복은 몇 년 동안 어두운 시기를 이겨내고 새로운 낙관주의적인 분위기를 일으켰다. 사람들은 핑크빛 미래를 기대하였다. 이런 분위기 때문에 우리는 분홍색(그리고 일반적으로 파스텔 색상)을 여기저기서 찾아볼 수 있다. 주방 가전용품에서부터 자동차까지(엘비스의 유명한 캐딜락을 생각해 보라!), 그리고 영화와 패션에서도 많이 사용되었다. 1950년대의 경쾌한 분위기는 뮤지컬 영화 〈파리의 신데렐라〉에서

싱크핑크(Think Pink)의 음악에 맞추어 춤추는 유명한 장면에서 볼 수 있다.

여성의 옷장은 보다 로맨틱하고 전통적인 여성 모델에 따라 연한 색상으로 물들여졌다. 대표적인 아이콘으로는 마릴린 먼로(Marilyn Monroe)와 같은 곡선의 여성들이 있다. 마릴린이 아름다운 분홍색 드레스를 입고 〈Diamonds are a girl's best friend〉라는 노래와 함께 춤을 추는 장면을 어떻게 잊을 수 있을까? 이 영화는 〈신사는 금발을 좋아해(Gentlemen Prefer Blondes)〉로 1953년에 상영되었는데, 페미니즘 시대는 아직 멀었던 시대였다. 이후 1959년에 바비(Barbie)가 시장에 나오면서 1950년대를 마무리하며 이 색상을 애정과 섬세함의 상징으로 확립시키게 되었다.

1960년대에는 분홍색의 인기가 줄어들기 시작하고, 1970년대에 완전히 사그러지게 된다. 여성들의 저항이 드러나며 지나치게 순종적이고 연약한 여성 모델은 더 이상 시대에 맞지 않게 되었다. 이 모델은 1980년대에 다시 등장하며, 이때부터 분홍색과 여성성 간의 결합은 불가분한 관계가 되었다. 그리고 1990년대에는 분홍색의 어두운 음영에서 찾을 수 있다.

최근 몇 년 동안 분홍색은 여성주의 및 성해방 운동에서 되살아났다. 이 새로운 형태의 여성주의는 여성성을 부정하지 않고 오히려 주장하며, 성별의 차이를 완화하지 않고 경축하고자 한다. 이것이 바로 밀레니얼 핑크(millennial pink)의 시대다.

밝은색 옷을 입는 이유

색상에 대해 말하자면 엘리자베스 2세와 그녀의 다채로운 색상 선택을 언급하지 않을 수 없다. 엘리자베스 여왕이 항상 밝은색 옷을 입는 이유는 무엇일까? 간단하다. 군중 속에서 눈에 띄고 신하들이 항상 알아볼 수 있도록 하기 위해서다. 또한 그녀를 보호하는 복잡한 보안 시스템에 의해 쉽게 발견될 수 있기 때문이다.

7

색채의 세계

색채 조화와 가구: 팔레트 속의 삶

여기서는 의류와 액세서리를 뒤로 하고 색채 조화가 매우 유용할 수 있는 다른 영역, 즉 가정 내 색상 조합에 대해 살펴보겠다. 여러분의 옷장과 소중한 사람들의 옷장을 정리한 후에는 집에 대해서도 적용해 보지 않을 수 없다.

집에서의 색채 조화에 대한 규칙은 우리가 지금까지 본 것과 관련이 있지만, 이 외에도 매우 흥미로운 독특한 패턴으로 구성된다. 이후에는 집 환경을 조화롭고 다채롭게 만드는 방법에 대해 몇 가지 조언을 하고자 한다.

조화를 이루지만 지나치지 않게

집에서 색상을 효과적으로 조합하기 위해서는 의상과 같이 지나치게 조화롭게 맞추려는 무리한 효과는 피하는 것이 좋다. 예를 들어 파란색 램프, 파란색 소파, 파란색 쿠션, 파란색 꽃병 등, 모든 것이 깔끔하게 맞춰져 있는 느낌을 주는 것은 피한다. 대신 하나의 주요한 색상을 선택하고, 그 색상을 부각시키는 작은 보완적인 색상을 선택한다. 예를 들어 주요 색상이 파란색이라면, 빨간색이나 노란색 같은 부수적이면서 보완적인 색상을 고려해 본다.

교차 조합

매우 간단하면서 효과적인 규칙 중 하나가 교차 조합이다. 예를 들어 쿠션을 소파에 맞추지 말고 벽에 맞추고, 팔걸이 의자를 소파에 맞추지 말고 소파의 쿠션에 맞추며, 이불을 침대에 맞추지 말고 벽지에 맞추는 것과 같이 진행한다.

단색의 규칙

일부 가정에서는 각 방마다 하나의 색상을 지정한다. 이것은 현대 가정의 트렌드이지만, 실제로는 매우 오래된 관습이기도 하다. 단색 스타일은 특히 빈티지 가옥에서 매력적일 수 있으며, 방이 큰 경우 각 공간에 고유한 색상을 할당할 수 있다. 하나의 색조에서 다양한 음영을 사용할 때 가장 중요한 규칙은 동일한 수준의 색상 강도를 유지하는 것이다. 파스텔 톤, 더 짙은 톤, 보다 깊은 톤 등 일정한 일관성이 느껴져야 한다.

색상 온도의 문제

물론 실수를 피하려면 집 안에 있는 모든 색상이 동일한 언더톤에 속하는 것이 기본이다. 기본 마감 및 금속 마감을 주도하는 언더톤을 말한다. 색조는 환경에 따라 다를 수 있지만, 따뜻한 팔레트에 속하는지 또는 차가운 팔레트에 속하는지가 중요하다.

바닥재

색상 조합과 언더톤 선택에 필수적인 지침 사항은 바로 바닥재다. 바닥재가 모든 것의 기초이기 때문이다. 사용된 재료가 따뜻한 음영을 가지고 있다면 나머지도 모두 따뜻한 색상에 맞춰진다. 그러나 바닥재가 차가운 음영을 가지고 있다면 가구 및 인테리어도 차가운 색상을 따라간다.

패턴 활용

때로는 가구 소품에서 영감을 받을 수 있다. 예를 들어 그림에서 출발해서 그림의 색상 팔레트가 가구 및 실내 장식품의 색상을 결정하도록 할 수 있다. 동일한 원리가 벽지의 패턴이나 소파의 패턴에도 적용된다.

흰색에서 검은색까지의 동일한 그레이 스케일을 사용한다면 줄무늬나 격자무늬와 같은 다양한 패턴을 혼합하거나 빨간색 또는 머스터드 옐로와 같은 대조적인 색상을 추가할 수 있다. 다시 말해 의류에서 본 믹스 앤드 매치(mix & match)가 가구에도 동일한 규칙으로 잘 작동할 수 있다.

패턴 중 하나로 벽지를 언급하고 싶은데, 나는 벽지를 정말 좋아하며 욕실을 포함한 집의 모든 공간에 사용했다. 벽지는 많은 찬사를 받아왔다. 괴테는 그린색의 벽지를 좋아했는데, 그 벽지에서 "우리의 눈은 진정한 만족을 느낀다"라고 했다. 벽지는 공간에 개성을 부여하며, 공간을 더 따뜻하고 환영받는 곳으로 만들어 준다. 무엇보다도 비교적 적은 비용과 노력으로 실내를 장식할 수 있다. 벽지를 사용하기로 결정하면 많은 다른 장식을 추가할 필요가 없다. 큰 벽을 꾸미기 어려운 경우 특히 좋은데, 나의 경우가 그러했다. 거실의 벽 한 면을 해결할 수 없었는데, 그림이나 인쇄물 또는 다른 장식품을 고려했지만 여의치 않았고, 짙은 색상으로 칠하는 것도 고려했지만 결국 무성한 나뭇잎 모양의 녹색 벽지를 선택하게 되었다. 그 하나로도 벽을 장식하고 공간에 개성을 더해주며 기쁨을 느낄 수 있었다. 자연을 사랑하는 사람으로서 나뭇잎 모양과 색상이 마음에 들어 컴퓨터나 휴대폰의 스크린 세이버로 사용하기도 한다. 따라서 벽지를 사용할지 말지 고민 중이라면 적극 추천한다.

나는 색상에 대한 열정에도 불구하고 다른 많은 사람들처럼 흰색 집에 크게 매력을 느끼곤 한다. 공간이 더 넓고 밝아 보이며 편안하고 시간이 흘러도 변치 않는 색상이기 때문이다. 약간의 검은색 터치와 결합하면 고급스러워지고 다른 모든 색상을 위한 이상적인 베이스가 된다. 그러나 특히 섬유 및 벽지에 대해 고려해야 한다. 리넨과 같은 질감이 있는 소재로 색의 중립성을 보완할 수 있다.

일반적으로 공간이나 구석에 색을 입히고 싶을 때 생명을 불어넣을 수 있는 중심 색상을 선택할 수 있다. 바 모양의 가구, 소파, 또는 빈티지 암체어 한 쌍이 될 수 있다. 이것이 모든 다른 것들이 돌아갈 색상의 중심이 된다. 이 색상은 방 안의 여러 곳에서 반복되고 다른 보완적인 색상과 함께 강조될 수 있다.

　나는 좋은 거래를 할 수 있는 중고 가구 시장에서 특별한 물건을 찾곤 한다. 버려진 가구를 찾아내 새로운 생명을 불어넣는 아이디어를 좋아한다. 카탈로그 물건보다 훨씬 더 많은 매력과 인간미를 가지고 있다. 여러분도 도시의 작은 시장들에 눈길을 돌려보자!

색채 조화와 소통: 인스타그램 속의 색상

새로운 미디어와 소셜 커뮤니케이션의 등장으로 이미지, 그리고 결과적으로 색상은 필수적인 소통 도구가 되었으며, 때로는 말보다 더 즉각적이고 널리 퍼져 있다. 인스타그램을 생각해 보자. 다른 채널보다 이 언어를 가장 잘 사용하고 색상을 실제 소통 코드로 만든다. 이 채널에서 돌아다니는 대부분의 사진이 흑백이 아닌 컬러라는 것을 눈치챘을 것이다. 이것은 피드(feed)를 빠르게 스크롤하는 사람들의 주의를 끌기 위해서다.

　시각적 효과에 전적으로 초점을 맞춘 소셜 네트워크의 확산은 소통에서 색상의 중요성을 분명히 보여주었다. 여기서는 가장 인기 있는 색상과, 감정을 전달하는 데 그 색상을 사용하는 방법을 알아보겠다.

　2019년 여름을 기준으로 한 색상 순위에서는 놀랍게도 1억 3,200만 개 이상의 게시물로 #black이 1위에 오른 것을 볼 수 있다. 검은색은 옷장뿐만 아니라 인스타그램에서도 가장 빈번하게 사용되는 색상 중 하나로, 우아함과 신비함 및 힘을 나타내며, 모든 연령대의 남녀 모두에게 인기가 있다.

다음은 #pink다. 립스틱, 매니큐어, 가방 및 액세서리뿐만 아니라 음식, 꽃, 디자인과 같은 다양한 주제의 이미지를 포함해 1억 3,000만 개 이상의 게시물이 있다. 이 해시태그를 가장 창의적이고 경건하지 않은 샷에 사용하면 좋다. 장난기 가득한 성격을 가지고 있으며 반드시 '여성용'일 필요는 없다.

인스타그램에서 상위 3개 컬러 중 #pink 다음으로 많은 포스트를 가진 컬러가 #blue다. 스카이 블루에서 코발트 블루, 인디고 블루에서 울트라 마린까지 모든 음영의 파란색이 포함된다. 여름 시즌에는 바다와 휴가 사진이 포함된 게시물이 많이 올라오며 총 1억 2,900만 개가 넘는다. 그러나 일반적으로 파란색은 힘, 신뢰(자신감) 및 안정성을 표현한다.

빨간색은 강력하고 감각적인 색상으로 특히 젊은 세대에게 인기가 있다. 사진에서 높은 효과를 발휘하며 인스타그램에서 많이 사용되는 색상 중 하나다. 주로 패션 및 뷰티 게시물에서 볼 수 있지만, 음식 및 엔터테인먼트 관련 게시물에서도 사용되며 총 1억 1,000만 개 이상에 달한다.

#nature, #tree 등 환경과 관련된 모든 해시태그와 함께 #green은 항상 빠지지 않는다. 자연이 여러분의 열정이라면 약 1억 500만 개의 게시물이 여러분을 기다리고 있다. 내가 가장 좋아하는 것은 '내셔널 지오그래픽'의 멋진 프로필이다. 그러나 녹색의 가치는 훨씬 더 광범위하며 내적 평화나 웰빙과 관련이 있다.

또한 보기만 해도 힘이 나는 내가 아주 좋아하는 노란색을 빼놓을 수 없다. 낙관주의, 따뜻함 및 열정을 표현하는 데 매우 효과적이다. 금, 겨자, 꿀 등의 우아한 변형을 포함하여 4,100만 개 이상의 게시물이 있다.

#orange 해시태그가 포함된 3,000만 개 이상의 게시물은 대부분 음식과 꽃에 관한 것이지만, 독특한 음영, 패턴 및 사진이 있는 에르메스의 게시물도 추천한다. 노란색의 의미 중에는 우정과 유쾌함의 감정을 상기시키는 것이 있어 좋다.

보라색은 더 정교한 색이라고 할 수 있지만 창의성과 상상력을 의미하기도 한다. #purple 해시태그를 가진 게시물의 수는 대략 3,000만 개로 오렌지색과 거의 비슷하다.

인스타그램에서의 색상에 대해 이야기하고 있지만 무채색도 많이 사용되는 해시태그 중 하나다. #grey 역시 많이 사용되는 해시태그 중 하나로, 약 1,500만 개의 고요하고 내성적인 게시물들이 포함되어 있다.

인스타그램에서의 색상 목록을 마무리할 수 있는 것은 로우 프로필(low profile)인 #white다. 거의 90만 개의 게시물에 등장하지만, 주제는 패션, 애완동물, 음식 등 다양하다. 나는 건축 및 인테리어 디자인의 게시물들을 좋아한다.

어떤 색이 여러분의 인스타그램 피드의 지배적인 색상인지 또는 가장 자주 사용되는 팔레트인지 계산해 주는 여러 앱이 있다. 우리 프로필이 어떤 팔레트에 있는지 확인하는 것뿐만 아니라, 이미지와 색상을 통해 어떤 종류의 메시지를 전달하고 있는지 이해하는 것도 흥미롭다.

남 vs 북: 색상에 대한 다른 성향

색상은 다양한 의미를 가지고 있으며 이것은 잘 알려진 사실이다. 그러나 시간이 지남에 따라 색상에 대한 접근은 남과 북 사이에 크게 다르다는 것을 알 수 있다. 이는 색상이 역사와 문화뿐만 아니라 스타일과 민족의 특징과도 관련이 있기 때문이다.

역사적 영향에 관해서는, 실제로 많은 색상이 전쟁과 군사 재료에서 이름을 따서 명명되었다는 사실이 정말 놀랍다. 예를 들어 잉글리시 레드는 영국 국왕 근위병의 붉은 재킷에서 이름을 따왔으며, 프로이센 블루는 프로이센과 나폴레옹 군대의 군복에서 따온 것이다. 또한 영국 군대의 군복에서 파생된 카키 그린, 영국 해군의 네이비 블루 및 영국 공군의 로열 블루는 각각 바다와 하늘을 위장하기 위해 동일한 색으로 만든 군복이었다.

색상은 정치에 영향을 받는 것 외에 각 국가의 산업사에 대해서도 많이 알려준다. 런던의 스모키 그레이는 산업혁명 기간 동안 도시를 덮은 그을음을 나타낸다. 또한 영국 및 아일랜드 광산에서 생산된 석탄, 흑연 및 현무암과 같은 산업 자재는 모두 회색 음영으로 표현되며, 이 색상은 아직도 도시의 많은 신사들의 옷장에서 매우 인기 있는 색상이다. 페라리 레드와 레이싱카의 잉글리시 그린, 그리고 이른바 브리티시 레이싱 그린(British racing green)과 같은 자동차 산업도 언급할 만하다.

생산적인 북부 국가들은 군사 및 민간 산업과 관련된 색상을 전달해 왔지만, 남부 국가들은 전통적으로 땅, 농업, 미술 및 영적인 면에서의 색상과 관련이 있다. 예를 들어 인디언 서머 레드는 여름의 끝을 의미하는 영어 단어로, 우리가 마호가니라고 알고 있는 풍부하고 깊은 빨간색을 완벽하게 나타낸다. 또한 노란색은 매우 오래된 예술적 전통을 가지고 있다. 프랑스 남부를 특징 짓는 해바라기 노란색과 반 고흐의 작품을 떠올려 보면 알 수 있다. 한편 17세기 화가들이 사용한 나폴리의 노란색은 베수비우스 화산의 유황에서 나온 것이다.

의상에 대해 말하자면, 색상 사용에서 남과 북이 상당히 다르다는 것을 이미 눈치챘을 것이다. 남부에서는 멕시칸 핑크(핫 핑크), 레바논의 시더 블루(청록색), 터키의 터키석 색상, 인도의 인디언 옐로와 같은 강렬하고 밝은 색상이 주류다. 반면에 북부는 팔레트에서 훨씬 더 차분한 편이다. 이러한 색상 차이는 이탈리아에서도 찾아볼 수 있다. 이탈리아에서 토털 블랙은 분명히 밀라노 스타일이며 단색 옷 또한 그러하다. 그러나 로마를 기준으로 아래로 내려갈수록 색상과 패턴의 사용이 훨씬 자유로우며 더 편안하다. 의류뿐만 아니라 자동차 선택도 마찬가지다. 내가 살고 있는 밀라노의 집 발코니에서 바라보면 검은색, 회색 또는 기껏해야 흰색 자동차만 볼 수 있지만, 나폴리에는 여러분이 상상할 수 있는 모든 색상의 자동차를 모두 볼 수 있다.

또한 우리가 위치한 장소에 따라 색상의 인식도 변한다. 이것은 우리 눈이 색상을 해석하는 방식이 변하기 때문이다. 적도에서는 태양광선이 지면에 수직으로 떨어지기 때문에 색의 강도가 줄어든다. 따라서 리우에서 휴가 중에 좋아했던 꽃무늬 셔츠가 비엔나에서는 완전히 부적절하게 느껴질 수 있다. 물론 라이프 스타일도 고려해야 한다. 번잡한 대도시에서는 회색이 주류인데, 이는 유럽과 북미 같은 서구 국가에서 더 형식적인 복장 규정이 필요한 것을 비롯하여 실용싱의 명백한 이유 때문이다.

색채 조화와 직접적으로 관련된 또 다른 흥미로운 점을 소개하면서 이 장을 마무리한다. 남부 지역은 피부가 더 어두운 편이기 때문에 깊은 색조를 선호하는 반면, 북부 지역에서는 더 어두운 색상을 선호하는 경향이 있다. 예를 들어 파리의 에르메스 부티크와 이스딘불의 에르메스 부티크에서 스카프를 찾아보면 매우 다른 면을 볼 수 있다. 프랑스에서는 차갑고 부드러운 색상이 우세한 반면, 터키에서는 어둡고 깊은 색상이 주로 사용된다. 이는 당연히 취향의 문제이지만, 동시에 그 지역 인구의 색채 특성과도 관련이 있다. 나는 여행 중에 특히 유럽 남부, 중동 지역 또는 국제공항에서 다른 여행지로 가는 동안 최고의 쇼핑을 하곤 한다. 이는 내 색상과 유사한 사람들이 많은 곳에서 쇼핑을 할 수 있기 때문이다.

결론

어쩌면 내 주장이 다소 야심 찬 것일 수도 있지만, 이 책을 통해 여러분의 삶에 조금이나마 색깔을 더해주고, 여러분의 삶을 어떤 면에서든 조금 더 단순하게 만들어 주었으면 한다. 이 책을 통해 쉽게 (그리고 재미있게) 옷장을 관리하는 몇 가지 조언을 제공했는데, 어떤 규칙을 제시하거나 포기를 권유했을 때에도 그것은 더 의식적인 선택을 할 수 있도록 도움을 주기 위한 것이었다. 즉 여러분의 외모를 패션, 사회 또는 트렌드가 결정하는 것이 아니라 여러분 스스로 결정할 수 있도록 도움을 주기 위한 것이었다. 색채론이 의무가 아닌 기회, 강제가 아닌 선택이 되었으면 한다.

색상을 가지고 놀고, 실험하고, 과거의 신념이나 선입견 및 이미 밟아온 길을 극복하고, 무엇보다도 자연에서 자극을 받아보라. 자연은 진정한 색상의 마법사다! 숲의 나무, 꽃의 꽃잎, 동물의 털, 바다와 그 속의 생물은 진정한 영감의 근원이며 깨우침을 준다. 그리고 그곳은 우리 누구에게나 가까이 있다.

이 책이 '색을 잃어버린' 분들에게 새로운 시작의 불씨가 되기를 바라며, 겨울 뒤에 오는 새로운 색채와 빛으로 다시 피어나는 봄이 되었으면 한다. 이 색채적인 부활은 상징적이라고 할 수 있다. 색상을

(재)발견하면 우리 내부에서 매우 중요한 변화가 이루어진다. 머리카락 색을 바꾸는 것보다 훨씬 너 의미 있는 일이다.

색상을 사용하는 것은 또한 '자, 나 여기 있어!'라고 세상에 알리는 방법이기도 하다. 이는 허영스러운 자랑이 아니라, 자신과 타인과의 조화 속에서 자신의 독창성을 재발견하는 자긍심을 의미한다. 색상은 우리로 하여금 도전하고 그 행복을 느낄 수 있도록 하는 기회기 된다. 빠른 시일 내에 여러분 스스로, 그리고 주변 사람들에게 전염되는 그 힘을 경험할 수 있기를 진심으로 바란다.

감사의 글

많은 분들께 감사의 말을 전하고 싶다. 특별한 순서나 중요한 순서대로 하지 않겠다. 각각의 분들이 각자의 방식으로 모두 중요한 역할을 해주었기 때문이다.

먼저 이 프로젝트를 위해 나를 믿고 지원해준 마르첼라(Marcella), 엘리사베타(Elisabetta), 그리고 플라비아(Flavia)에게 무한한 감사를 표한다. 이 책은 나만의 것이 아닌 그들의 것이기도 하다.

매일 곁에서 함께 일하는 사라(Sara)와 크리스티아나(Cristiana)에게도 감사의 인사를 전한다. 내가 이 책을 쓸 수 있었던 것은 그들의 인내와 헌신 덕분이었다.

여동생에게도 감사의 마음을 표하고 싶다. 동생은 내 최고의 친구이기도 하다. 그리고 나의 가장 친한 친구들에게도 감사드린다. 리사(Lisa)와 이시레(Isiré)는 항상 의지할 수 있는 사람들로, 말로 표현하지 못할 만큼 감사한 마음이다.

가족과 나를 사랑해 주시는 분들께 감사드린다. 그들은 나를 믿어 주었던 순간뿐만 아니라 그렇지 못한 순간에도 나를 더 나아가게 자극해 주었다.

나의 아들에게도 감사를 표한다. 그는 내 삶에 다양한 색상을 가

283

져다주었고, 나를 항상 특별하게 만들어 주었다. "우리 엄마는 색채 선생님이에요"라고 말해준 우리 아들의 삶이 항상 다채롭고 이 시절의 생동감과 호기심을 잃지 않길 바란다.

나의 멘토 린(Lynne)과 로즈마리에(Rosemarie) 선생님께 감사의 말을 전하고 싶다. 그들은 이 분야의 모든 비밀을 나에게 공개해 주었고, 더분에 아마추어의 열정을 전문가 수준의 지식으로 바꿀 수 있었다. 또한 나 자신조차 믿지 못한 능력을 발견해 주었기 때문에 더욱 감사하다.

또한 이미지 컨설팅 과정에 동행한 모든 분들께 감사의 인사를 전한다. 겉으로 보기에 표면적인 작업이지만 그 안에는 많은 인간적 가치가 담겨 있다. 그들의 삶에 색깔을 더해주는 것은 나에게 영광이었고 감회와 감동의 원천이기도 했다. 그들의 업적은 나의 자부심이기도 하다.

최근 몇 년 동안 우리 학원에서 강의를 들은 모든 학생들에게 감사드린다. 그들의 열정 덕분에 내가 이 일을 하는 것이 얼마나 행운인지 알게 되었다. 내가 가르쳤지만 그들로부터 많은 것을 배우기도 했으며, 결국은 이 교류가 서로에게 많은 도움이 되었다.

매일 소셜 네크워크에서 애정을 가지고 나를 팔로우하는 모든 사람들에게 감사하다. 색채 조화가 이렇게 확산되고 전염성이 있는 것은 그들 덕분이다.

끝으로 항상 아름답고 다채로우며 색채로 가득한 삶에 감사한다.

참고문헌

Marialaura Agnello, *Semiotica dei colori*, Carocci, Roma 2013.

Josef Albers, *Interazione del colore*, il Saggiatore, Milano 2013.

Suzanne Caygill, *Color: The Essence of You*, Celestial Arts, Berkeley 1980.

Cruschiform, *Colorama*, L'Ippocampo, Milano 2017.

Elizabeth Cutler, Leatrice Eiseman, *Pantone® fashion. Un secolo di colori nella moda*, Rizzoli, Milano 2014.

Walter Demel, *Come i cinesi divennero gialli. Alle origini delle teorie razziali*, Vita e Pensiero, Milano 1996.

Leatrice Eiseman, *The Complete Color Harmony*, Rockport Publishing, Rockport 2017.

Riccardo Falcinelli, *Cromorama*, Einaudi, Torino 2017.

Johann Wolfgang Goethe, *La teoria dei colori*, il Saggiatore, Milano 2014.

Edith Head, Joe Hyams, *How to Dress for Success*, Harry N. Abrams Inc., New York 2011.

Edith Head, Paddy Calistro, *Edith Head's Hollywood*, Angel City Press, Santa Monica 2016.

Edith Head, *The Dress Doctor: Prescriptions for Style, from A to Z*, Harper Design, New York 2011.

Johannes Itten, *Arte del colore*, il Saggiatore, Milano 1997.

Carole Jackson, *Color Me Beautiful*, Ballantine Books, New York 2006.

Claudia Joseph, *How to Dress Like a Princess: The Secrets of Kate's Wardrobe*, Splendid Publications Limited, South Croydon 2017.

Bernice Kentner, *Color Me a Season: A Complete Guide to Finding Your Best Colors and How to Use Them*, Kenkra Pubs., 1979.

Lia Luzzatto, Renata Pompas, *Il significato dei colori nelle civiltà antiche*, Bompiani, Milano 2001.

Lia Luzzatto, Renata Pompas, *Colori e moda*, Bompiani, Milano 2018.

Jo B. Paoletti, *Pink and Blue: Telling the Boys from the Girls in America*, Indiana University Press, Bloomington 2012.

Michel Pastoureau, Dominique Simonnet, *Il piccolo libro dei colori*, Ponte alle Grazie, Milano 2006.

Michel Pastoureau, *Blu. Storia di un colore*, Ponte alle Grazie, Milano 2008.

Michel Pastoureau, *Nero. Storia di un colore*, Ponte alle Grazie, Milano 2008.

Michel Pastoureau, *Rosso. Storia di un colore*, Ponte alle Grazie, Milano 2016.

Michel Pastoureau, *Verde. Storia di un colore*, Ponte alle Grazie, Milano 2016.

Michel Pastoureau, *Un colore tira l'altro. Diario cromatico*, Ponte alle Grazie, Milano 2019.

Karen J. Pine, *Mind What You Wear: The Psychology of Fashion*, Kindle Edition, 2014.

Joanne Richard, *Reinvent Yourself with Color Me Beautiful: Four Seasons of Color, Makeup, and Style*, Taylor Trade, Lanham 2008.

Claudio Widmann, *Il simbolismo dei colori*, Edizioni Magi Scientifiche, Roma 2006.

찾아보기